융합과학 기술 및 실험

김운중 · 임재경 지음

자유아카데미

이 저서는 2022년도 정부(교육부)의 재원으로 한국연구재단의 지원을 받아 한남대학교에서 수행된 3단계 산학연협력선도대학육성사업(LINC 3.0) 연구임

머리말

과학이라는 학문을 처음 접할 때, 어려운 학문이나 위험한 분야로 인식하는 경우가 많이 있다. 실제로 필자가 학생들과 매 학기 강의를 하다 보면, 많은 학생들이 과학에 대해 벽을 가지고 있는 것 같았다. 그러나 과학이라는 학문은 가장 단순하면서도 일상 속에서 우리가 모르는 사이에 함께 살아가고 있다.

과학을 한마디로 표현하자면, 원자와 원자가 결합하여 새로운 분자를 만들어가는 학문이라고 할 수 있다. 그 분자들에는 제약, 화장품, 환경, 에너지 및 생활용품 등 수많은 분야들이 있고 또 새로 나타날 것이다.

본 교재는 크게 과학과 관련되어 있는 생활 속의 상식들에 대한 내용과 실험으로 구성하였다. 진동카 만들기를 시작으로 지워지는 형광펜 만들기, 아이스팩 만들기 등 전반적인 영역의 과학 원리를 이해하고, 실험을 통해 학생들에게 융합과학 기술에 대한 중요성, 위험방지대책 및 환경보호 등의 기본적인 정보를 제공하였다. 특히, 작용반작용 법칙, 흡열반응, 발열반응, 산염기반응, 전류와 전압 등 과학의 기본적인 원리에 대해 쉽게 배우고 학습함으로써 넓은 응용 분야를 이해할 수 있도록 구성하였다.

본 교재의 부족한 부분은 지속해서 수정 및 보완할 것이며, 출간 후에라도 나올 수 있는 수정사항 등은 자유아카데미 홈페이지(www.freeaca.com) 자료실에 제공할 예정이니 참고하기를 바란다.

마지막으로 학생들이 본 교재를 학습하면서 과학이라는 학문이 어렵지 않고, 알면 알수록 재미있게 되어 삶에 도움이 될 수 있기를 기대한다. 또한 과학 분야의 창업과 취업에 대한 도전정신을 갖고 교재의 다양한 정보들을 이용하여 멋진 계획을 설계하고 실천할 수 있기를 바란다.

2023년 5월
김운중

차례

실험에 앞서

실험실 주의사항

01 실험하기 전에는 실험의 목표와 방법 및 실험기구, 시약 등의 취급법을 정확하게 알아야 한다.

02 실험은 결과도 중요하지만, 그 과정도 중요하므로 주의 깊게 관찰하고, 빠짐없이 기록해야 한다.

03 실험 중에는 항상 정숙해야 하며 주의력을 집중해야 한다.

04 언제나 안전을 염두에 두고 지도 교사의 지시에 따른다.

05 시약병의 라벨은 두 번 이상 읽고 확인한다.

06 실험 중 반응 용기의 입구는 얼굴과 반대 방향으로 향하게 한다. 반응을 관찰할 때도 위에서 내려다보지 않도록 한다.

07 발생하는 기체의 냄새를 맡을 때에는 손으로 코의 방향으로 바람을 일으켜 맡도록 발생하는 기체에 직접 코를 가까이 하지 않도록 한다.

08 실험에 쓰이는 시약은 명시된 양 이상 사용하지 않도록 한다.

09 실험 후에는 사용 기구들을 깨끗이 정리해야 하며, 사용하고 남은 시약이나, 폐기물은 함부로 버리지 말고, 폐수통에 부어서 정리해야 한다.

10 석유, 알코올과 같은 인화성 물질이 주위에 있는지 살펴보고 가열한다.

11 실험 폐기물은 함부로 버리지 않도록 한다.

12 알코올 램프는 불이 붙은 상태로 옮기지 않도록 한다.

13 전기 실험 시 감전, 합선, 누전 등에 유의한다.

14 전기 관련 실험을 할 때, 실험 도중에만 전류가 흐르도록 하며 실험을 하지 않을 때는 스위치를 열어 놓는 습관을 갖도록 한다.

실험 기구

● 가나다순

1	실험복	약품, 화재 등의 위험에서 신체를 지키기 위해 평상복 위에 입는 보조옷이다.
2	보안경	눈을 보호하기 위하여 쓰는 안경이다.
3	전자저울	물체의 무게를 측정하는 기계이다.
4	마스크	유해 가스와 분진을 착용자로부터 차단하기 위한 장비이다.
5	장갑	손의 보호를 위한 장비이다.
6	비커	액체를 담는 용기이다.
7	플라스크	시료를 담고 실험을 하기 위한 용기로 스텐드에 고정하기 용이하다.
8	깔때기	윗부분은 넓고 아랫부분은 좁은 원뿔 모양의 도구로 거름종이 등을 이용하여 불순물을 여과하는 데 사용하기도 한다.
9	삼각 비커	원뿔 모양의 비커로 교반 막대를 사용하지 않고 용기를 흔드는 것으로 액체를 섞을 때 유용하다.
10	연소숟가락	어떤 가스 속에서 물질을 연소시킬 때에 사용하는 숟가락이다.
11	페트리 접시	얕고 둥근 유리 접시로 샬레라고도 한다.
12	막자, 막자사발	약을 빻거나 갈아 가루로 만드는 데 쓰는 도구이다.
13	증발접시	용액을 농축 또는 증발할 때에 사용하는 바닥이 둥글고 벌어진 접시이다.
14	석면 철망	플라스크, 비커 등의 기구를 가열할 때 이들 기구와 열원 사이에 놓여 급격한 온도 변화, 국부적 가열 등에 의한 기구의 파손, 끓어오름 등을 막는 데 사용한다.
15	눈금 플라스크	용액 제조 시 사용한다.
16	눈금 실린더	액체의 부피를 측정하는 데 사용되는 실험기구이다.

17	홀 피펫	눈금이 없어 일정한 양의 시약을 취할 때 사용한다.
18	눈금 피펫	눈금까지 빨아올려 그 양을 측정할 수 있는 피펫이다.
19	피펫 필러	홀 피펫이나 눈금 피펫에 끼워서 시약을 흡입하는 힘을 주기 위해 쓰는 기구
20	유리막대	화학의 실험기구를 만드는 재료로 사용한다.
21	가지 플라스크	플라스크의 일종으로 주로 증류를 위해 사용한다.
22	뷰렛	방울로 떨어트린 액체의 양을 측정하는 데에 사용되는 실험기구이다.
23	리비히 냉각기	냉각수가 드나들어 유체를 냉각하는 데에 사용한다.
24	흡인여과기	다량의 결정이나 침전을 단시간 내에 분리시킬 수 있는 여과기이다.
25	분별 깔때기	서로 섞이지 않는 두 액체의 혼합물을 밀도 차이를 이용하여 분리하는 데 사용하는 유기기구이다.
26	스탠드	클램프와 함께 사용하여 실험기구를 고정할 수 있는 장치이다.
27	가스버너	가스를 연소시켜 광원이나 열원을 얻기 위한 장치이다.
28	중탕 냄비	가열 시 급격한 온도의 변화를 막기 위한 장치이다.
29	집기병	기체를 모을 때 쓰이는 병으로 연소나 산화 등의 화학 반응 실험에서도 사용한다.
30	시험관	한쪽을 둥근 바닥으로 막은 유리제 관이다.
31	시험관 솔	유리제 실험기구를 세척할 때 사용한다.
32	삼발이	가스버너 등으로 기구를 가열할 때 사용된다.
33	도가니 집게	가열 또는 냉각 중인 기구를 잡기 위한 도구이다.
34	약수저	고체 시료를 옮길 때 쓰는 숟가락이다.
35	비중병	주로 액체의 밀도를 측정하기 위한 소형 유리기구이다.
36	리트머스 시험지	용액의 산성, 염기성을 판단하는 데 쓰이는 리트머스 수용액을 이용해 물들인 종이이다.

37	거름종이	혼합물에 들어 있는 물질 중 녹지 않은 물질을 걸러내는 특수한 종이이다.
38	알코올램프	알코올을 연료로 사용하는 소형의 램프를 말하며 멸균 작업 시에는 가스버너 대용으로도 이용한다.
39	온도계	물체의 내부에너지를 수치화할 수 있는 기구이다.
40	클램프	실험기구를 고정하기 위해 사용하는 집게이다.
41	핀치코크	고무관 등을 집어서 유체의 흐름을 가감하는 조임쇠이다.
42	후드	유독 기체나 악취가 발생하는 실험을 할 때 사용하는 장치이다.
43	흄 후드	분진을 막을 수 있는 대형 후드이다.
44	pH 시험지	산과 염기의 세기를 간편히 측정할 수 있는 시험지이다.
45	교반기	액체를 물리적으로 섞기 위한 장치이다.
46	자력교반기	자기력을 이용해 액체를 섞기 위한 장치이다.
47	데시케이터	고체 또는 액체의 건조제를 사용하여 각종 물체를 건조시키거나 저장하는 데 쓰이는 두꺼운 유리 용기이다.
48	수조	액체를 담는 그릇으로 빛의 진행을 관찰하거나 수상치환으로 기체를 모을 때 집기병을 넣는 그릇으로 사용한다.
49	삼각석쇠	도가니, 증발접시 등 작은 용기를 가열할 때 삼발이 위에 올려놓고 사용하는 기구이다.
50	스패출러	분말을 옮기기 위한 작은 주걱이다.
51	원심관	원심분리를 할 때 용액을 넣는 기구이다.
52	주사기	스포이드와 비슷하게 용액을 옮기는 도구이다.
53	볼텍그 믹서	교반기와는 다르게 용액을 흔들어 섞는 기구로 가열 기능이 추가된 경우도 있다.
54	큐벳	소량의 액체를 넣어 분광기로 광학 측정을 할 때 사용되는 용기이다.
55	염화칼슘관	무수 염화칼슘을 흡수제로 채워 기체를 말리거나 흡수시킬 때 사용한다.

56	시험관 꽂이	시험관이 쓰러지지 않도록 고정해주는 장치이다.
57	UV-lamp	살균을 하거나 자외선을 가할 때 사용한다.
58	점적판	반점 분석에 쓰는 기구이다.
59	임호프콘	침전 물질을 측정하는 기구이다.
60	웨잉디쉬	액체시료나 고체시료를 담는 접시이다.
61	콘웨이디쉬	시료의 확산과 반응을 살펴볼 수 있는 접시이다.
62	3구 플라스크	입이 3개인 플라스크이다.
63	아스피레이터	감압을 할 때 사용하는 장치이다.
64	모세관	녹는점 측정이나 미량액체의 무게를 측정할 때 사용한다.
65	줄	주로 유리세공 시 유리를 자르기 위해 사용한다.
66	틸레관	대류를 이용해 시료를 고르게 가열하기 위한 장치이다.
67	질량분석기	크로마토그래피나 이온화, 전하량의 차에 따른 비행시간형, 공명 등을 이용해 시료의 조성을 파악하는 장치이다.
68	나스 플라스크	액체의 구분채취용이다.
69	게이뤼삭 비중병	비중병 자체의 질량을 측정하여 간단한 계산을 통해 액체의 비중을 구한다.
70	알린 냉각기	증류, 환류 냉각기로 사용한다.
71	코니컬 비커	액체를 외부에 튀기지 않고 섞을 수 있는 적정비커이다.
72	톨비커	시료의 가열용해나 적정 용기, 전해비커로 이용된다.
73	씻기병	물과 에탄올 등의 세척액을 넣어두는 용기이다.
74	광학현미경	가시광선을 이용해 작은 물질을 관측할 때 사용한다.
75	주사 전자 현미경	원자 수준 이미지를 얻을 수 있는 장비이다.
76	자동뷰렛	적정액이 자동으로 0mL의 눈금에 일치하도록 고안된 뷰렛이다.
77	셸바흐 부피측정 플라스크	메니스커스의 렌즈 작용을 응용하여 표선의 위치를 읽기 쉽게 고안한 기구이다.

78	수소이온 농도계 (pH 미터)	수소이온의 농도(pH)를 읽는 기구이다.
79	핀셋	작은 물체를 들어 올리기 위한 도구이다.
80	초음파 세척기	고진동 주파수를 이용하여 기구를 세척할 수 있는 장비이다.
81	갈색 광구병	여러 재질로 제작되며 빛으로부터 시료를 차단하기 위한 용기이다.
82	건조기	감압을 마친 시료의 수분을 제거하는 장치이다.
83	핫 플레이트	전기에너지를 열에너지로 전환하여 용액을 가열하는 기구이다.
84	싱크대	주로 각종 기구를 세척하고 종종 아스피레이터가 부착된다.
85	맴브레인 필터	특정 크기의(보통 0.2~1.2㎛) 물질을 거르는 필터이다.
86	어댑터	서로 크기가 다른 두 기구를 연결하는 기구이다.
87	테이퍼 클립	연결부분을 단단히 고정할 때 사용된다.
88	토출기	알코올이나 세척액을 정량씩 뽑을 수 있도록 고안된 장치이다.
89	루프	니크롬이나 백금으로 만든 기구로 불꽃 반응색을 확인할 때 사용한다.
90	디지털 온습도계	온도와 습도의 수치를 보여주는 도구이다.
91	스톱워치	반응이 완결되는 속도 등을 측정할 때 사용한다.
92	마이크로 피펫	극미량의 시약을 취할 때 사용한다.
93	에그바	교반기와 함께 사용하여 물질을 섞는 데 사용하며 자성을 띠고 있다.
94	옥타곤 스핀바	교반기와 함께 사용하여 물질을 섞는 데 사용하며 자성을 띠고 있다. 에그바에 비해 발전된 형태이다.
95	항온기	내부의 온도를 일정하게 유지하도록 만든 기구이다.
96	석영 도가니	자기제 도가니와 비슷하나 알칼리의 용출이 없어 알칼리금속과 알칼리토금속의 화학분석에 주로 사용된다.
97	진공펌프	다른 기구 내부의 기체를 빨아들여 진공상태로 만드는 장치이다.
98	긴급샤워시설	다량의 위험한 시약과 접촉하였을 때 긴급히 정화하기 위한 시설이다.

99	자동증류수기	증류수를 매번 구입하지 않고 수돗물을 기화시킨 후 냉각하여 증류수를 얻기 위한 장치로 필터가 달린 경우도 있다.
100	수분측정기	적외선수분계를 이용하여 수분을 측정하는 것으로서, 근래 비교적 널리 쓰이고 있다. 적외선 수분계는 접시천칭과 같은 구조로서 적외선램프를 장치하고 있으며, 여기에서 조사되는 복사열에 의하여 시료의 수분을 신속하게 건조하며, 건조하는 동안에 시료의 무게 변화를 바로 함수율로서 직접 읽게 되어 있다.
101	점도계	유체의 점성을 재는 기구이다. 우벨로데 점도계와 오스트발트 점도계 등이 있다.
102	분광광도계	물리학에서는 전자 스펙트럼에 대한 정량적 연구 방법이다. 분광법보다 적용 범위가 좁으며, 가시광선과 근자외선, 근적외선을 대상으로 한다.
103	핵자기공명분석법 (NMR)	유기화합물의 분석에서 탄소와 수소 사이의 framework를 분석해 유기물의 구조, map을 파악하는 데 쓰이는 방법이다
104	크로마토그래피	시료 중 혼합 성분을 단일 성분별로 분리하는 분석기술로서, 이동상이 액체인 것을 LC, 이동상이 기체인 것을 GC라 한다. 현대의 모든 산업, 의료 및 연구를 비롯한 다양한 분야에서 매우 유용하게 사용되는 분리분석 기술로써 시료의 정성, 정량 분석에 사용된다.

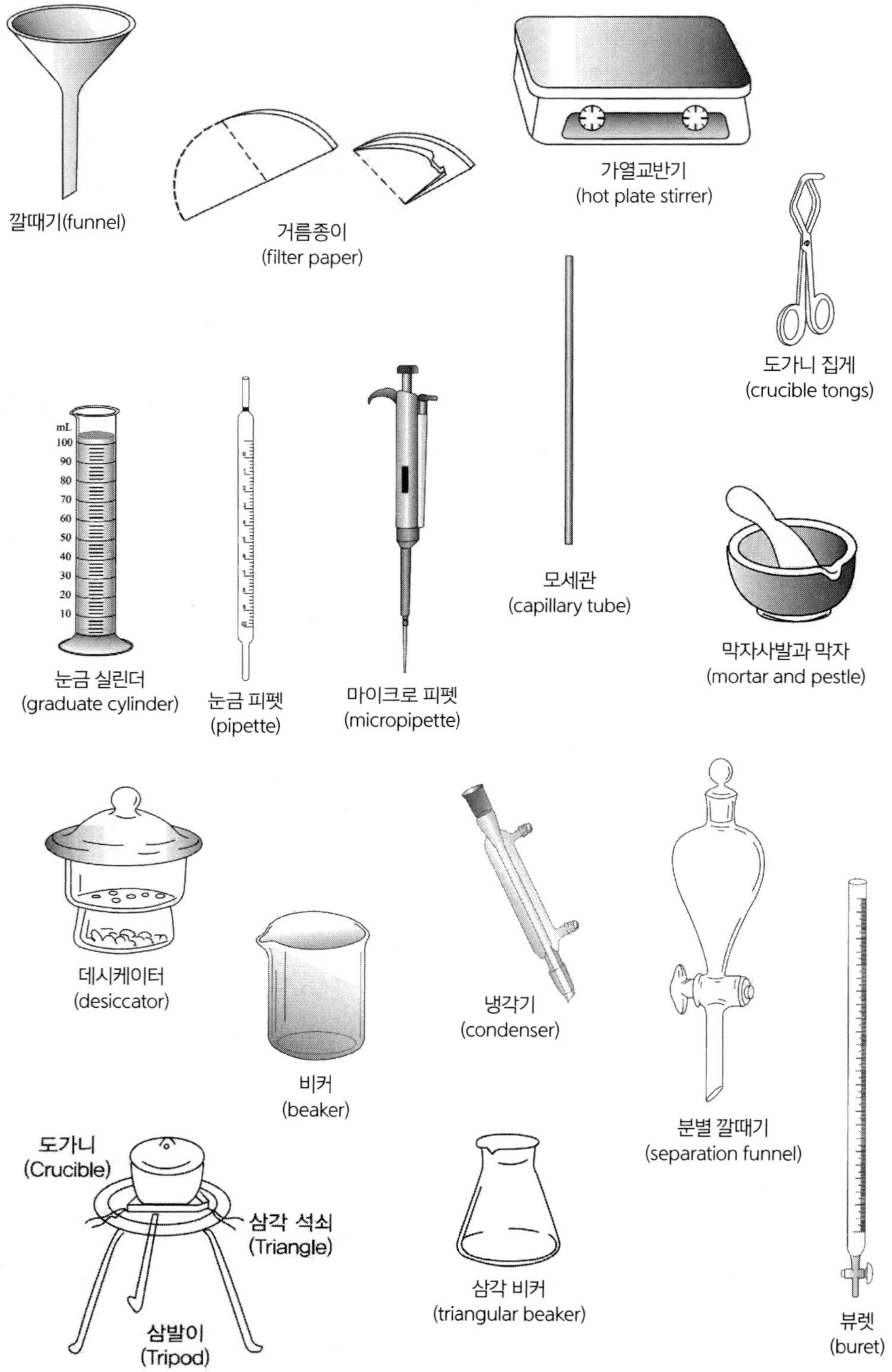
깔때기(funnel)
거름종이
(filter paper)
가열교반기
(hot plate stirrer)
도가니 집게
(crucible tongs)
mL
100
90
80
70
60
50
40
30
20
10
눈금 실린더
(graduate cylinder)
눈금 피펫
(pipette)
마이크로 피펫
(micropipette)
모세관
(capillary tube)
막자사발과 막자
(mortar and pestle)
데시케이터
(desiccator)
비커
(beaker)
냉각기
(condenser)
분별 깔때기
(separation funnel)
뷰렛
(buret)
도가니
(Crucible)
삼각 석쇠
(Triangle)
삼발이
(Tripod)
삼각 비커
(triangular beaker)

스탠드
(stand)

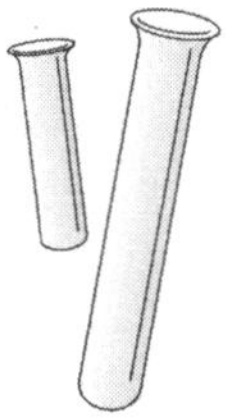

시험관
(test tube)

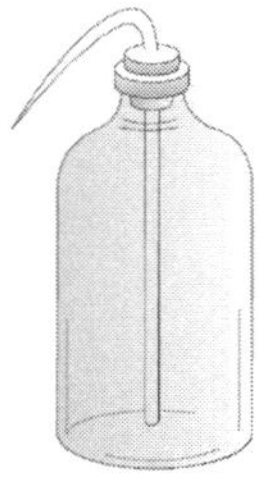

씻기병
(wash bottle)

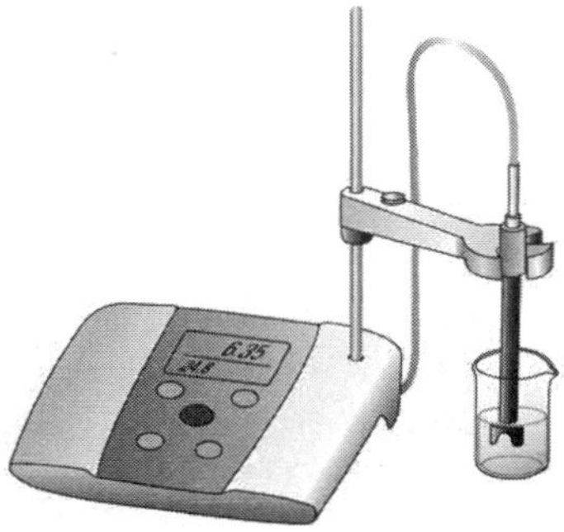

pH 미터
(pH meter)

약숟가락
(spatula)

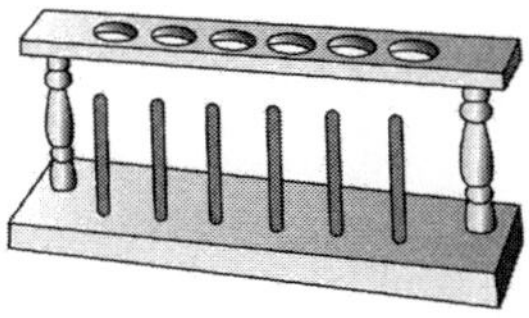

시험관대
(test tube rack)

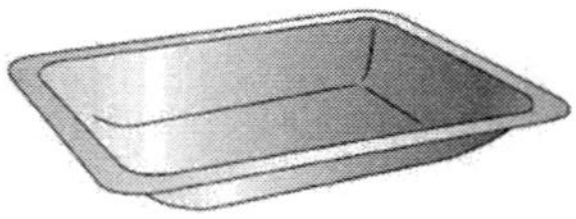

무게 접시
(weighing dish)

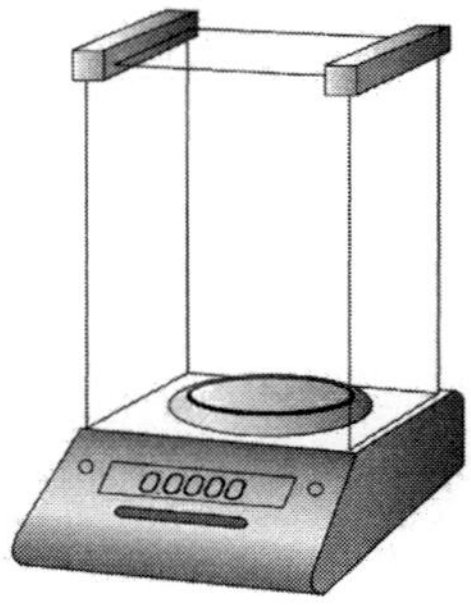

전자 저울
(analytical electronic balance)

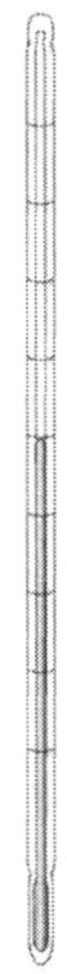

온도계
(thermometer)

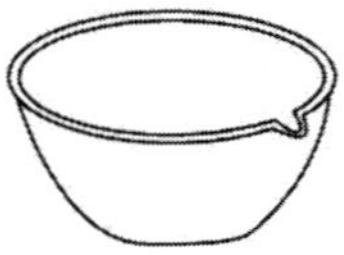

증발 접시
(evaporating dish)

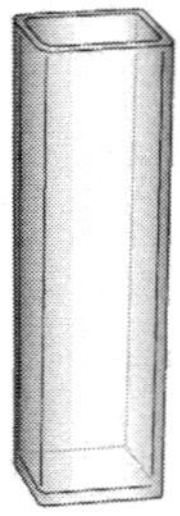

큐벳
(cuvette)

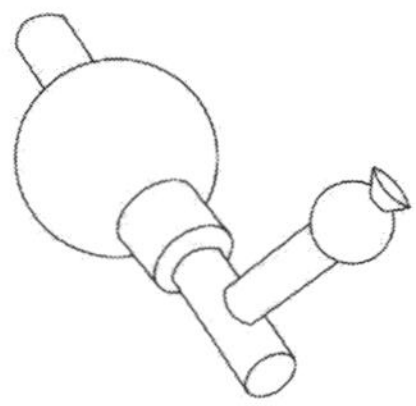

피펫 채우개
(pipette filler)

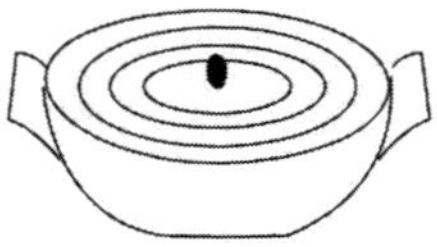

중탕 냄비
(water bath)

페트리 접시
(Petri dish)

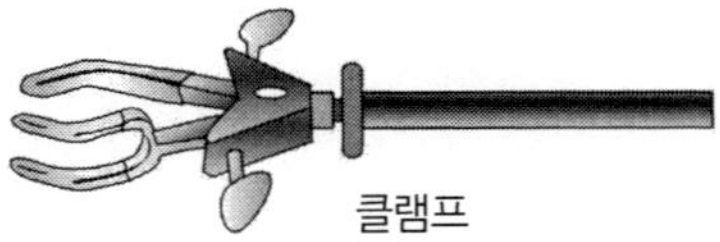

클램프
(clamp)

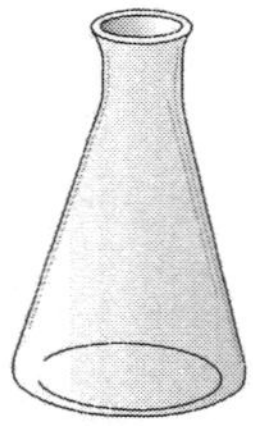

삼각 플라스크
(erlenmeyer flask)

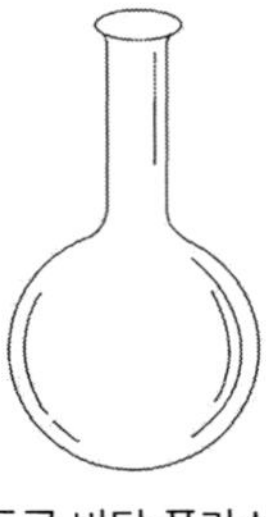

둥근 바닥 플라스크
(round bottom flask)

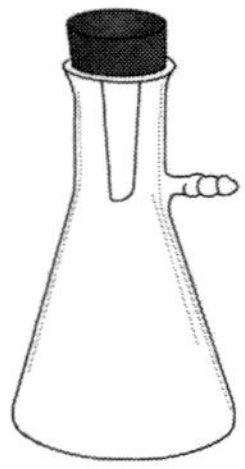

감압 플라스크
(suction flask)

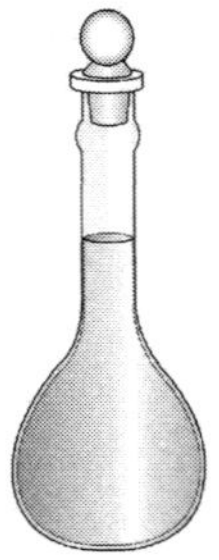

부피 플라스크
(volumetric flask)

핀셋
(pincette)

융합과학 기술 및 실험

EXPERIMENT 01 꼬마 스페이스 진동카

1.1 배경지식 쌓기

1.1.1. 무게중심과 진동의 관계

진동은 물체가 시간의 흐름에 따라 하나의 점을 중심으로 반복적으로 왔다 갔다 하면서 움직이는 상태를 말한다. 예를 들면, 흔들리는 그네, 시계추나 용수철에 매달린 물체가 움직이는 것을 진동이라 할 수 있다. 진동모터의 원리를 이해하기 위해서는 무게중심을 알아볼 필요가 있다.

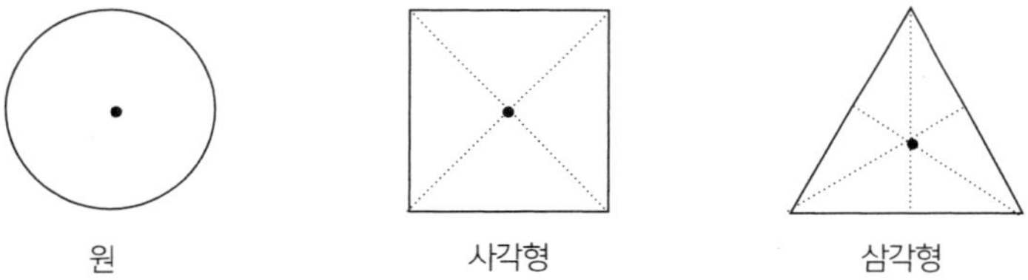

그림 1.1 무게중심

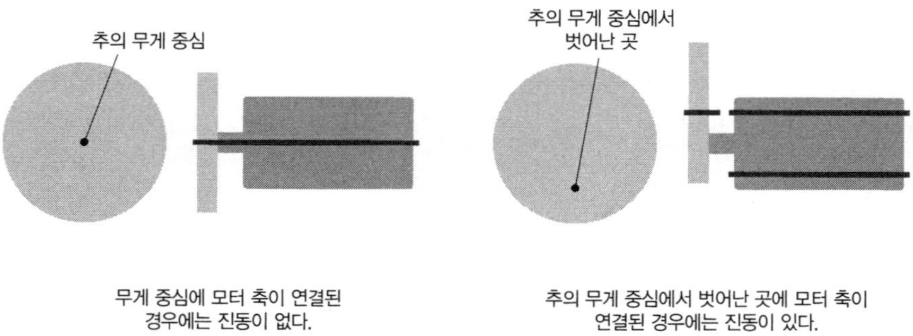

그림 1.2 편심 회전

원이나 사각형 삼각형의 무게중심은 대칭의 중심에 있다. 원의 무게중심은 위의 그림처럼 한가운데에 있고, 이 무게중심을 회전축으로 하여 모터를 회전시키면 치우침 없이 회전하기 때문에 진동이 발생하지 않는다. 하지만 모터의 회전축이 물체의 무게중심을 벗어나게 되면 좌우로 진동을 하면서 회전을 하게 되고, 이것을 편심 회전이라 부른다.

1.1.2 기기는 어떤 원리로 진동할까?

진동모터는 핸드폰, 무선호출기, 의료기, 산업용 등 기기에서 진동을 얻고자 할 때 사용한다. DC 모터의 회전축에 진동자(Vibrator)를 무게중심 한쪽으로 쏠리게 달아서, 모터가 지그재그로 회전을 하게 되는데, 이때 발생하는 원심력에 의해서 모터의 몸체가 떨리게 되면서 진동 현상이 발생하게 된다.

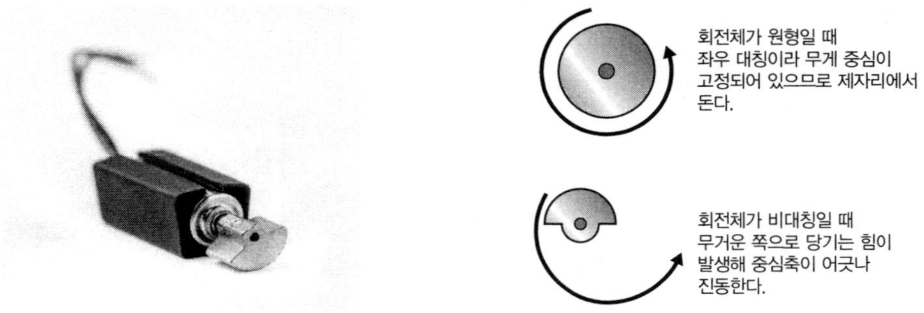

그림 1.3 진동모터와 진동모터의 진동 원리

1.1.3 진동모터의 원리

플레밍의 법칙은 플레밍이 발견한 전류와 자기장의 운동에 관한 법칙이다. 플레밍의 오른손 법칙은 발전기의 원리이고, 왼손 법칙은 전동기의 원리이다. 발전기처럼 움직이는 장치를 이용하여 전기를 얻는 전기 제품은 모두 플레밍의 오른손 법칙이고, 모터나 전자석처럼 전기로 기구를 움직이는 제품은 모두 플레밍의 왼손 법칙의 응용이다.

표 1.1 플레밍의 법칙

오른손 법칙	왼손 법칙
자기장 속에서 도선을 움직일 때 유도기전력에 유도되는 전류의 방향을 나타낸다.	자기장 속에서 전류가 받는 힘의 방향을 나타낸다.
발전기의 원리	전동기의 원리

1.1.4 진동모터의 원리: 플레밍의 왼손 법칙

플레밍의 왼손 법칙은 전동기의 원리기 때문에 진동모터도 이에 해당한다. 이 법칙은 전류가 흐르고 있는 도선에 대해 자기장이 미치는 힘의 작용 방향을 정하는 법칙이다. 전류가 흐르는 도선 하나하나의 부분이 자기장에 의해서 받은 힘은 왼손의 중지를 흐르는 방향으로, 검지를 자기력선의 방향으로 향하게 하여 이것들에 대해 수직으로 편 엄지가 가리키는 방향으로 작용한다. 단, 전류와 자기장의 방향이 평행일 때는 이와 같은 힘은 작용하지 않는다.

관계식: $F = l(i \times B) = (i \times B) = iBsin\theta \;\; [N]$

(전자력: F, 자속밀도: B, 전류: I, 자계중의 도체 길이: l, 자계와 도선 간 각도: θ)

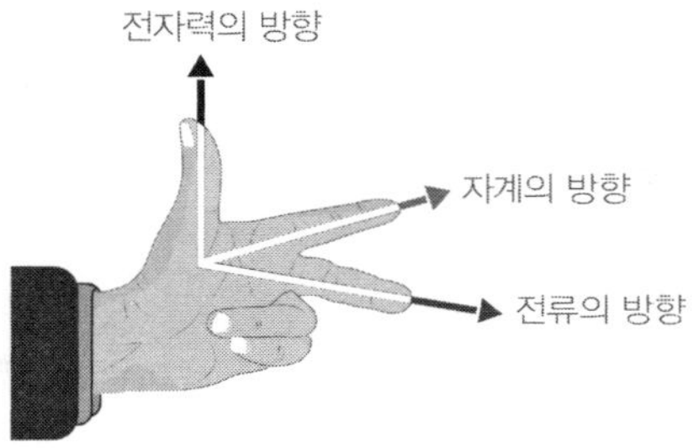

그림 1.4 플레밍의 왼손 법칙

1.2 실험 재료 살펴보기

1) 전지 끼우게
2) DC 모터
3) 공 CD
4) 알루미늄 다리 4개
5) 편축(프로펠러)
6) 스티로폼 공
7) 반구형 플라스틱 뚜껑
8) 양면테이프
9) 절연테이프
10) 눈알 2개
11) 건전지(AA)

● 개인 준비물: 가위, 투명테이프

1.2.1 절연테이프

절연테이프를 간단히 정의하면, 면 전체가 절연체로 이루어진 테이프를 말한다. 그 특성상 전선을 서로 엮은 후 노출된 부분, 피복이 손상된 부분 등에 감아 외부와 도체의 접촉을 차단할 때 주로 사용되며, 그 자체가 절연체이므로 약간 떼어서 접착면끼리 맞대어 붙인 후 절연체가 필요한 곳에 삽입하는 식으로 쓰인다.

1.2.2 DC 모터

DC 모터란, 고정자로 영구자석을 사용하고 회전자(전기자)로 코일을 사용하여 구성한 것으로 전기자에 흐르는 전류의 방향을 전환함으로써 자력의 반발, 흡인력으로 회전력을 생성시키는 모터이다. DC 모터는 주로 모형 자동차, 무선 조종 장난감 등을 비롯하여 여러 방면에서 가장 널리 사용되고 있다. 일반적으로 DC 모터는 회전제어가 쉽고, 제어용 모터로 아주 우수한 특성이 있다.

❖ DC 모터의 특성

1) 기동 토크가 크다.
2) 인가전압에 대하여 회전 특성이 직선적으로 비례하다.
3) 입력전류에 대하여 출력 토크가 직선적으로 비례하며, 출력 효율이 양호하다.
4) 가격이 저렴하다.

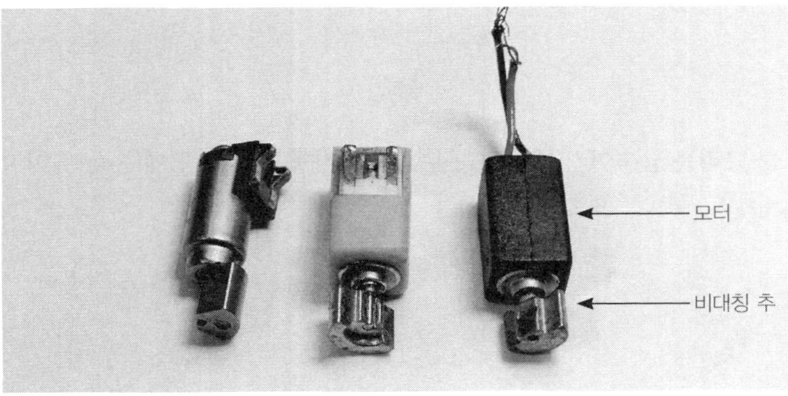

그림 1.5 DC 모터

실험 01

꼬마 스페이스 진동카 만들기

실험 목표

진동이 어떻게 생기는지 과학적 원리를 알아본다.

진동모터의 원리를 활용하여 꼬마 스페이스 진동카를 만들어 본다.

꼬마 스페이스 진동카를 만들기에 필요한 모터에 대해 알아본다.

실험 방법

① 전지 끼우개식의 양쪽 전선을 DC 모터의 접지 부분 구멍에 하나씩 끼워 빠지지 않도록 꼬아서 연결한다.

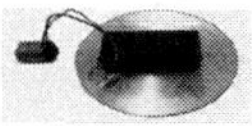

② 전지 끼우개식에 건전지를 끼우고 공 CD의 반짝이는 면 반대편 중앙에 양면테이프로 전지 끼우게를 붙인다.

③ 알루미늄 다리 양쪽 끝을 각각 다른 방향으로 꺾어주고, 양면테이프를 이용하여 공 CD에 붙인다. (다리는 모두 같은 방향으로 붙여준다.)

④ 모터를 양면테이프로 공 CD에 붙여 고정하고, 전선을 절연테이프로 고정시켜 준 뒤 프로펠러의 날개를 2~3개 정도 잘라 모터 축에 끼워준다.

⑤ 스티로폼 공에 눈알을 붙여 양면테이프로 공 CD 구멍 부분에 부착한다.

⑥ 셀로판테이프로 반구형 플라스틱 뚜껑을 공 CD에 붙여 완성하고 전원 스위치를 켜서 움직임을 관찰한다.

주의 사항

알루미늄 다리는 금속이기 때문에 구부리거나 자를 때 절단면에 손을 베이지 않도록 유의해야 한다.

실험보고서

학과 | 학번 | 이름 | 일자 | 실험조

1.1 진동과 무게중심은 어떤 관계인가?

1.2 진동모터의 원리는 무엇인가?

1.3 꼬마 스페이스 진동카를 만들기 실험에서 주요 실험 재료는 무엇인가?

심화학습

1.4 우리 생활 속에서 진동모터를 사용하는 제품에는 어떤 것들이 있는가?

1.5 다음 중 어떤 모양의 편심을 연결할 때 가장 많은 진동이 생기는가?

날개가 3개 일 때

날개가 2개 일 때

날개가 1개 일 때

EXPERIMENT 02

자외선 마스크 살균기

2.1 배경지식 쌓기

2.1.1 보건용 마스크란?

보건용 마스크는 KF80, 94, 99 마스크를 말하는데, 추위를 막기 위한 방한용과 달리 입자 차단 능력이 있다. 여기서 KF는 Korea Filter의 약자로 숫자가 높을수록 더 작은 입자를 잘 차단할 수 있다.

그림 2.1 보건용 마스크

2.1.2 자외선의 종류

자외선을 의미하는 UV는 가시광선보다 짧은 파장의 눈에 보이지 않는 빛을 의미하는데, 파장 범위에 따라 UV-A, UV-B, UV-C로 분류한다. 여기서 UV-C는 살균 효과를 활용한 산업 및 생활 분야에 활용되는 파장이며, 이는 DNA를 파괴하여 미생물을 죽인다.

표 2.1 UV의 파장별 분류 및 용도

구분	파장 범위	용도
UV-A	400~315	태닝, 광촉매 활성화 에너지원
UV-B	315~280	피부병 치료 및 기상학 장비
UV-C	280~200	물체 표면·공기·물 살균 등
Vacuum UV	200~100	반도체 공정에서 미량 유기 물질의 제거

2.1.3 DNA의 구조

DNA는 뉴클레오타이드의 중합체인 두 개의 긴 가닥이 서로 꼬여있는 이중나선의 구조로 되어 있는 고분자화합물이다. 세포 안에 자유롭게 떨어져 있는 뉴클레오타이드들은 한쪽에 티민(T), 아데닌(A), 사이토신(C), 구아닌(G) 가운데 하나의 염기를 가지는데, 옆에는 자신과 짝이 되는 염기를 포함한 가닥과 한 줄로 나란히 늘어선다. 이때 나란히 배열되는 염기는 3개의 문자로 짝을 이루어 단백질을 구성하는 아미노산을 암호화한다. 이렇게 만들어진 아미노산이 여러 개 연결되어 복잡한 입체 구조를 가지는 것이 단백질이다.

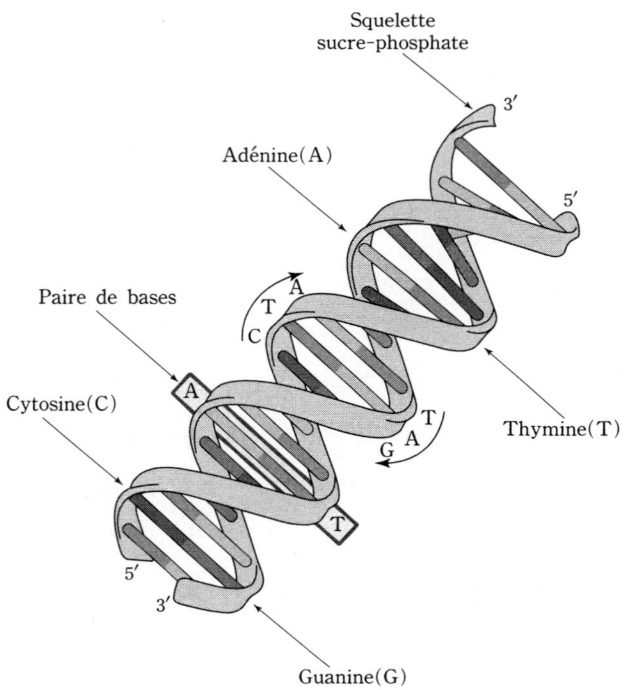

그림 2.2 DNA의 구조

2.1.4 자외선이 세균을 죽이는 원리

UV는 세포 내 유전정보를 담고 있는 핵산의 주요 구성성분인 티민(T), 아데닌(A), 사이토신(C), 구아닌(G)의 4가지 염기성분 간의 수소결합(T–A 또는 C–G 결합)을 손상시킴으로써 살균 효과를 나타낸다.

세포에 UV를 조사하면 4종의 염기 중 티민(T) 분자구조가 집중적으로 파괴되며, 아데닌(A)과 연결이 끊어진 티민(T)은 이웃한 티민과 T–T 이중체(Dimer)를 형성하여 복제 능력이 상실됨에 따라 미생물의 사멸이 유도된다.

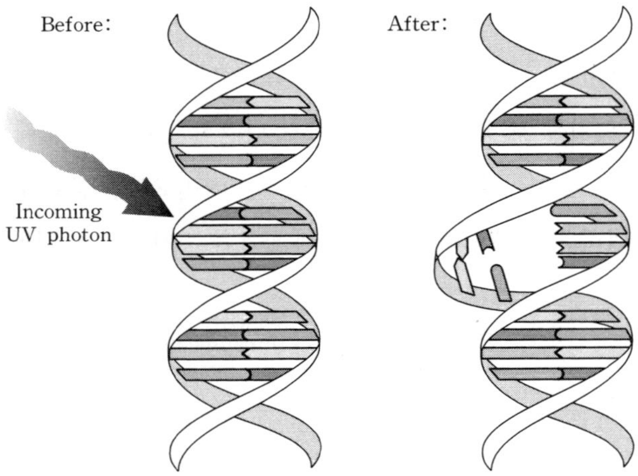

그림 2.3 UV의 DNA 분자구조 파괴

2.1.5 전기회로도란?

전류가 흐를 수 있도록 전지, 도선, 스위치 등을 연결해 놓은 통로를 전기회로라 하며, 이때 전기회로를 도식화한 그림을 전기회로도라고 한다. 복잡한 전기회로를 여러 기호를 사용하여 이해하기 쉽도록 간단히 그린다. 이는 마치 건축 설계도를 그릴 때, 건물의 벽, 문, 창문 등을 실제 모습이 아닌 간단한 그림으로 표시하는 것과 같다. 따라서 복잡한 전기회로를 회로도로 그리면 쉽게 이해할 수 있다. 반대로 전기회로를 만들기 전에 먼저 회로도를 그려 회로의 작동 여부를 판단할 수도 있다.

기회로는 크게 직렬 연결과 병렬 연결이 있는데, 직렬 연결은 서로 다른 극끼리 한 길로 연결되어 있고, 병렬 연결은 같은 극끼리 묶어서 연결되어 있다.

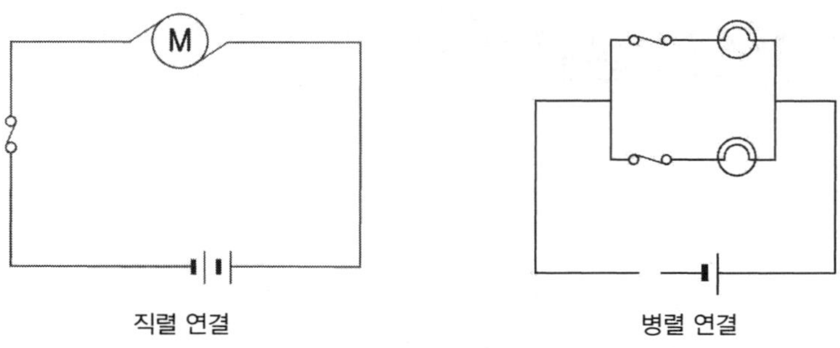

그림 2.4 전기회로도의 다양한 예

2.2 실험 재료 살펴보기

1) 거울지
2) 양면테이프
3) 나무도면
4) 전도성 테이프
5) 자외선 LED 2개
6) 리튬 건전지 2개
7) 전지 끼우개 2개

● 개인 준비물: 가위, 투명테이프

2.2.1 전도성 테이프

전도성 테이프는 일명 '전기가 통하는 테이프'이다. 테이프끼리 연결해서 전기가 통하게 할 수 있다. 전도성 테이프는 가능하면 끊었다가 붙이지 않고 한 번에 쭉 붙이는 것이 전기가 더 잘 통한다.

2.2.2 자외선 LED

자외선 LED는 자외선을 방출하도록 고안된 LED이다. 일반적으로 LED는 전구나 형광등에 비해 적은 전기로 높은 효율의 빛을 내어 전기를 절약하는 데 도움이 된다. 또 수명이 길어 오랜 기간 교체하지 않고 사용할 수 있으며 빛을 떨림이 없이 일정하게 내주기 때문에 눈에 피로를 주는 양이 적다. LED는 극성이 있는 부품으로 (+)극과 (−)극을 구분해서 연결해야 한다.

실험 02

자외선 마스크 살균기 만들기

실험 목표

자외선 마스크 살균기를 만들어 본다.

자외선 살균의 과학적 원리를 알아본다.

자외선 살균기를 만드는 데 필요한 전기회로를 알아본다.

실험 방법

① 리튬 건전지 모양이 그려진 면에 긴 양면테이프를 반으로 접어 칸 모양에 맞춰 <u>두 겹</u>으로 붙인다. 전도성 테이프를 양면테이프 위에 붙인 뒤 뒷면까지 감싸준다.

② 구멍이 뚫린 면에 셀로판테이프로 거울지를 붙인다. 그리고 짧은 양면테이프를 반으로 잘라 모양에 맞게 한 겹씩 붙인다.

③ ②의 양면테이프 위에 자외선 LED의 다리를 양쪽으로 벌려 긴 다리가 (+)쪽을 향하게 붙인다.

④ 전도성테이프의 끈적이는 부분이 서로 맞닿도록 반으로 접어 자외선 LED가 붙어 있는 양면테이프 위에 덧붙인다.

⑤ 바닥 면에 앞면과 뒷면을 끼운다. 옆면을 바닥 면에 살짝 끼우고 뚜껑을 걸어준 뒤 옆면을 꾹 눌러 단단히 고정한다.

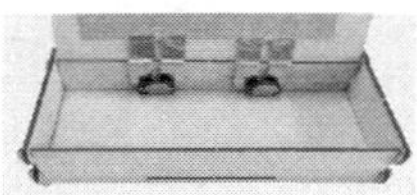

⑥ 리튬 건전지의 +극이 보이도록 전지 끼우개에 넣고, 뒷면의 전도성테이프 위에 꽂는다. (전지 끼우개의 튀어 나온 부분이 +극)

주의 사항

- LED 다리나 거울지의 모서리와 같이 뾰족한 부분이 있는 부품을 다룰 때는 찔리지 않도록 주의한다.
- 불이 켜져 있는 자외선 LED를 오랫동안 쳐다보지 않도록 한다.

실험보고서

학과 학번 이름 일자 실험조

2.1 자외선은 어떻게 분류할 수 있는가?

2.2 자외선이 세균을 죽이는 원리는 무엇인가?

2.3 실험에서 전기회로의 역할을 하는 것은 무엇인가?

심화학습

2.4 자외선 마스크 살균기의 전기회로도를 그려보자.

2.5 '자외선'을 활용한 생활 속 물건에 대해 조사해 보자.

EXPERIMENT 03

지워지는 형광펜

3.1 배경지식 쌓기

3.1.1 산과 염기

화학에서의 산과 염기는 정의에 따라 다름과 같이 3가지로 나뉜다. 첫 번째는 아레니우스 산과 염기로 스웨덴의 물리학자이자 화학자인 스반테 아우구스트 아레니우스(Svante August Arrhenius)가 1884년에 정의하였다. H_2O에 용해되어 H^+를 내놓는 물질을 산, OH^-를 내놓는 물질을 염기로 정의하는 산–염기이다. 즉, 수용액상에서만 적용된다는 것이므로, 이외의 상태(예를 들어, 고체나 기체)에는 적용되지 않는다.

$$HCl(g) \xrightarrow{H_2O(l)} H^+(aq)+Cl^-(aq) \qquad (a)$$

$$NaOH(s) \xrightarrow{H_2O(l)} Na^+(aq)+OH^-(aq) \qquad (b)$$

그림 3.1 아레니우스의 산(a)과 염기(b)

두 번째는 브뢴스테드–로우리의 산과 염기로 덴마크의 물리화학자 요하네스 니콜라우스 브뢴스테드(Johannes Nicolaus Brønsted)와 영국의 물리화학자 토머스 마틴 로우리(Thomas Martin Lowry)가 1923년에 정의하였다. 화학 반응에서 H^+를 주는 화학종을 산, H^+를 받는 화학종을 염기라고 정의하는 산염기의 정의로 1923년 덴마크 화학자 브뢴스테드와 영국 화학자 로우리가 독자적으로 발표하였다.

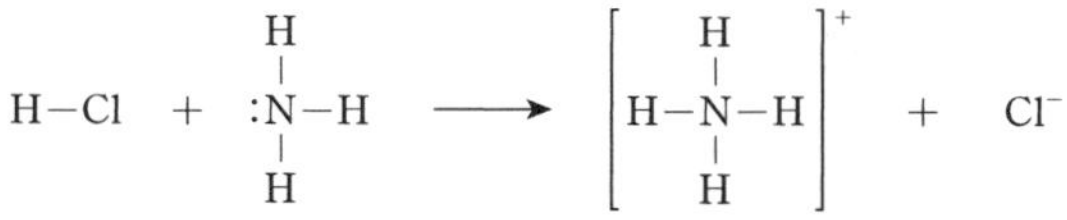

산 염기

그림 3.2 브뢴스테드-로우리의 산과 염기

세 번째는 루이스의 산과 염기로 미국의 물리화학자 길버트 뉴턴 루이스(Gilbert Newton Lewis)가 1923년에 정의하였으며, 화학 반응에서 전자쌍을 받는 화학종을 산, 전자쌍을 주는 화학종을 염기라고 정의하였다.

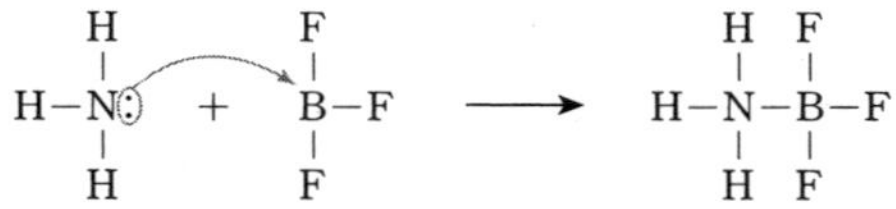

루이스 염기 루이스 산

그림 3.3 루이스의 산과 염기

3.1.2 리트머스 종이의 색깔 변화

리트머스 종이 실험을 통해 여러 수용액의 성질을 파악할 수 있다. 리트머스 종이는 기체와 고체에는 아무 변화도 보이지 않는다. 리트머스 종이는 산성에서는 붉은색으로, 염기성에서는 푸른색으로 변한다. 이 성질을 이용하여 어떤 수용액이 산성인지, 염기성인지, 중성인지 알아볼 수 있다.

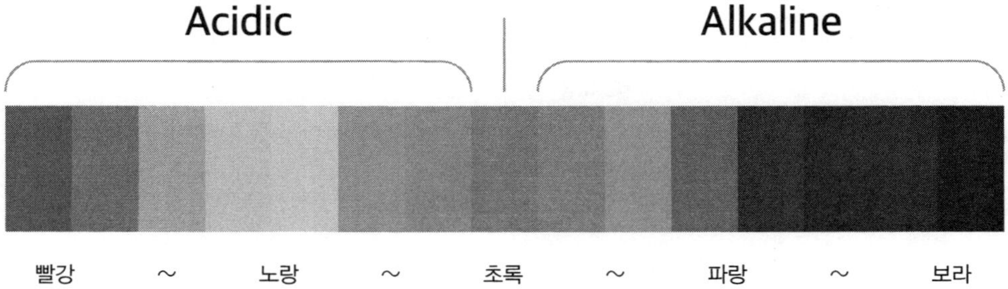

그림 3.4 리트머스 종이의 산염기에 대한 색깔 변화

3.2 실험 재료 살펴보기

1) 산성 용액　　2) 염기성 용액　　3) 바디(몸통)

4) 필터　　5) 뚜껑 2개　　6) 펜촉 2개

7) 펜촉 연결 마개 1개

3.2.1 중화 반응

중화 반응은 아레니우스의 산-염기 개념(수용액의 H^+-OH^-)을 적용했을 경우의 수용액 반응뿐만 아니라 보다 넓게 브뢴스테르-로리 산-염기 개념이나 루이스 산-염기 개념을 적용하면, 수용액보다 넓은 범위(유기 물질의 반응)에서 산-염기 반응으로 설명을 할 수 있다. 따라서 중화 반응은 산-염기 반응의 일종이라고 볼 수 있다. 하지만 염과 물이라는 부산물이 형성되는 특징 때문에 따로 분리되기도 한다. 중화열이 방출되기 때문에 중화 반응이 일어나면 온도가 올라간다. 예를 들어, 염산(HCl)과 수산화나트륨(NaOH)이 수용액이 반응하는 경우,

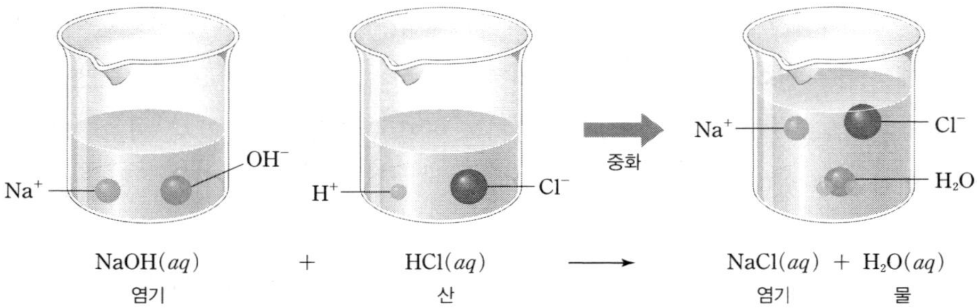

그림 3.5 산-염기 중화 반응

중화 반응의 알짜 이온 반응식은 항상 다음과 같다.

$$H^+(aq)+OH^-(aq) \longrightarrow H_2O(l)$$

그러나 아레니우스의 산-염기 개념으로는 설명할 수 없는 중화 반응도 있다.

$$NH_3(g)+HCl(g) \longrightarrow NH_2Cl(s)$$

이 반응은 수소이 온과 수산화 이온을 포함하지 않으므로, 아레니우스의 산-염기 개념으로는 중화 반응이 아니다. 그러나 실험적으로 위 반응은 중화 반응이며, 이와 같은 반응을 설명하기 위해 아레니우스의 산- 염기 개념에서 더 확장된 것이 브뢴스테드-로우리의 산-염기 개념이다.

3.2.2 모세관 현상

모세관 현상은 표면장력의 또 다른 예로써 응집력과 부착력에 의해 나타난다. 즉 응집력은 물과 물의 같은 분자 사이의 인력이고, 부착력은 물과 유리관과 같은 서로 다른 분자 사이의 인력을 말한다. 예를 들어, 파이프 모세관을 타고 물이 올라가는 현상을 들 수 있다. 파이프와 물 분자 사이의 수소 결합으로 인해 부착력이 응집력보다 크기 때문에 물이 올라가게 된다. 또한 물과 파이프 벽 사이의 수소 결합에 의한 부착력과 중력이 균형을 이룰 때까지 계속 물이 올라간다.

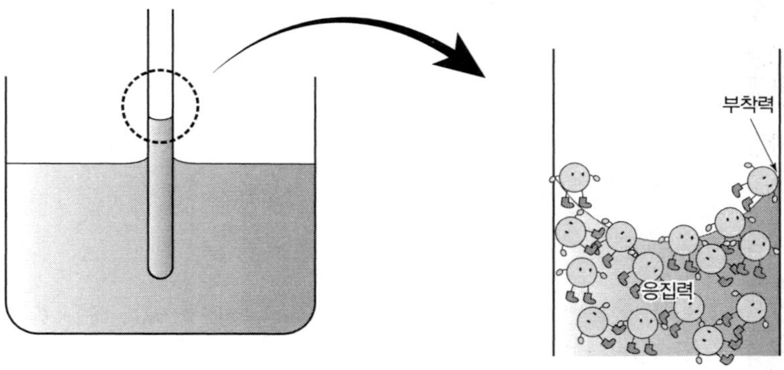

그림 3.6 모세관 현상

실험 03

지워지는 형광펜 만들기

실험 목표

산과 염기에 대해 알아본다.

산과 염기의 측정 방법에 대해 알아본다.

중화 반응에 대해 알아보고, 중화 반응을 이용하여 지워지는 형광펜을 만들어 본다.

실험 방법

① 색이 있는 염기성 잉크를 필터에 흡수시키고 반대쪽 필터에는 무색의 산성 잉크를 흡수시킨다.

② 필터를 몸통에 넣는다.

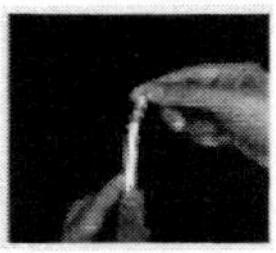

③ 펜촉 연결 마개를 꽂는다.

④ 양쪽 끝에 펜촉의 뾰족한 부분이 필터 속으로 들어가도록 꽂은 후 뚜껑을 닫아 완성한다.

⑤ 염기성펜으로 칠하고 산성펜으로 지운다.

실험보고서

학과 　　 학번 　　 이름 　　 일자 　　 실험조

3.1 색이 있는 염기성 펜으로 마킹 한 후, 산성펜으로 재 마킹하면 글씨는 어떻게 되는가?

3.2 중화 반응의 예와 반응식을 적으시오.

3.3 대표적인 산-염기 반응 3가지를 설명하시오.

3.4 모세관 현상에 대해 설명하시오.

심화학습

3.5 실생활에서 산-염기 반응이 어떻게 적용되고 있는지 서로 토의해 보자.

3.6 실생활에서 모세관 현상에 어떻게 적용되고 있는지 조사해보자.

04 보로노이 빛 상자

EXPERIMENT

4.1 배경지식 쌓기

4.1.1 빛

빛이란 좁은 의미에서 가시광선, 즉 일반적으로 사람이 볼 수 있는 약 400nm에서 700nm 사이의 파장을 가진 전자기파를 뜻한다. 넓은 의미에서는 모든 종류의 전자기파를 지칭한다.

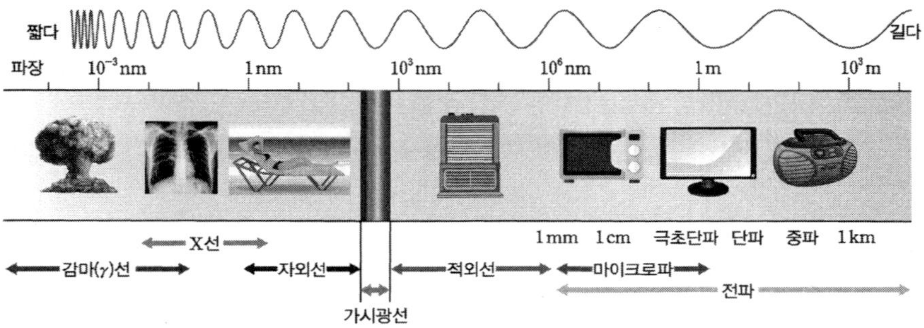

그림 4.1 파장에 따른 전자기파의 구분

4.1.2 빛의 성질

빛의 가장 기본적인 성질은 직진하는 직진성에 있다. 여기서 직진은 공간상의 가장 짧은 거리로 정의되며, 중력 등에 의해 빛이 휘어질 때도 빛의 직진성은 변하지 않는다. 빛은 여전히 직진하고 공간이 휘어진 것이기 때문이다.

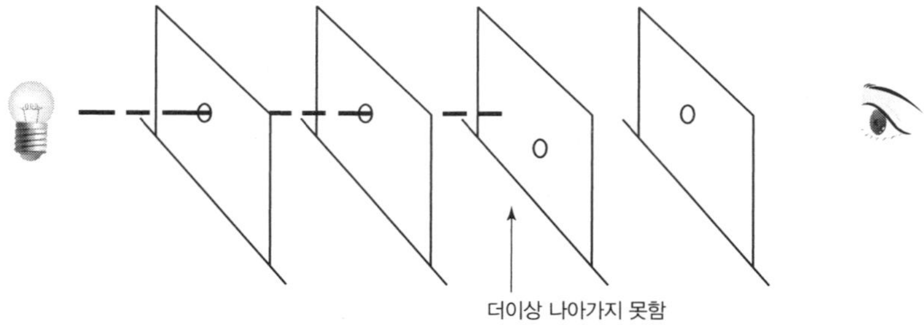

그림 4.2 빛의 직진성

그러나 빛은 거울로 햇빛을 반사(reflectance)시키면 햇빛의 진행 방향이 바뀌므로 거울을 이용하여 빛을 원하는 곳으로 보낼 수 있다. 이처럼 직진하던 빛이 물체에 부딪칠 때 진행 방향이 바뀌어 나아가는 현상을 빛의 반사라고 한다.

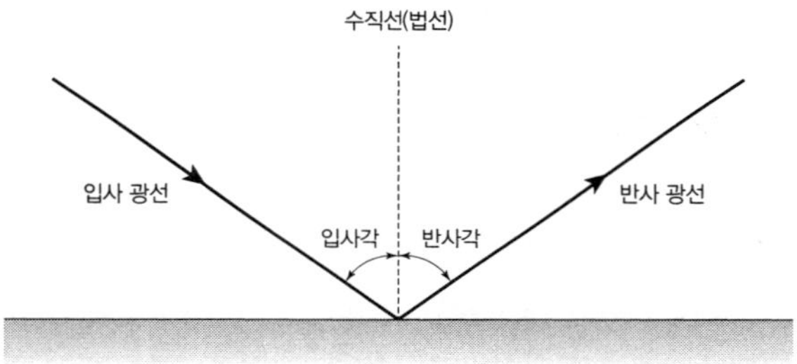

그림 4.3 빛의 반사

또한, 거울같이 매끄러운 면에 평행한 빛이 입사하면 반사되는 빛도 평행하게 반사되는 정반사가 일어나고, 거친 표면에 평행광선이 입사하면 반사광선이 평행하지 않은 난반사(diffuse reflectance)가 일어난다. 난반사로 인해 보통의 물체를 어느 방향에서나 볼 수 있는 것도 그 이유이다.

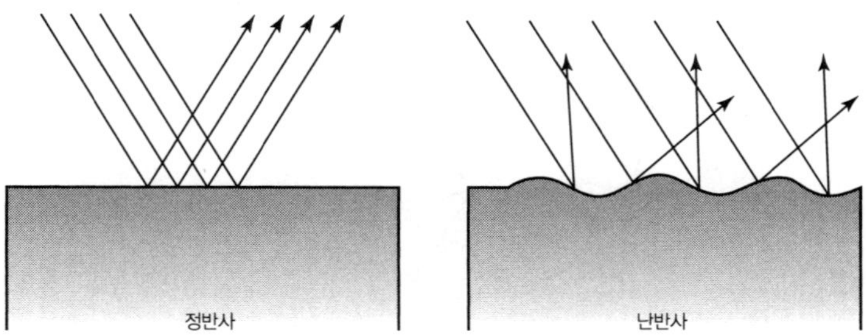

그림 4.4 빛의 정반사와 난반사

빛의 또 다른 성질 중 하나는 굴절(refraction)이다. 빛이 임의의 각도로 경계면으로 들어갈 때, 이 면이 대표적인 불균질 매질에 대응하고 이 면을 구성하고 있는 원자가 반사광처럼 뒤쪽으로 그리고 투과광처럼 앞쪽으로 모두 빛을 산란시킨다. 이때 입사광선이 휘거나 구부러지는 현상을 빛의 굴절이라고 한다.

그림 4.5 빛의 굴절

4.1.3 보로노이 다이어그램

공간에 여러 개의 점을 잡을 때 공간을 가장 가까운 점에 따라 나눈 그림을 보로노이 다이어그램이라고 한다. 똑같지 않은 다각형으로 채워져 있지만, 수학적인 원리로 평면을 분할하는 과정에서 나타나는 그림이다. 다이어그램을 그리는 방법은 먼저 평면에 있는 점들 중 가장 가까운 점 2개를 모두 연결한다. 그다음 선들의 수직이등분선을 그어서 분할되는 것들이 보로노이 다각형이다.

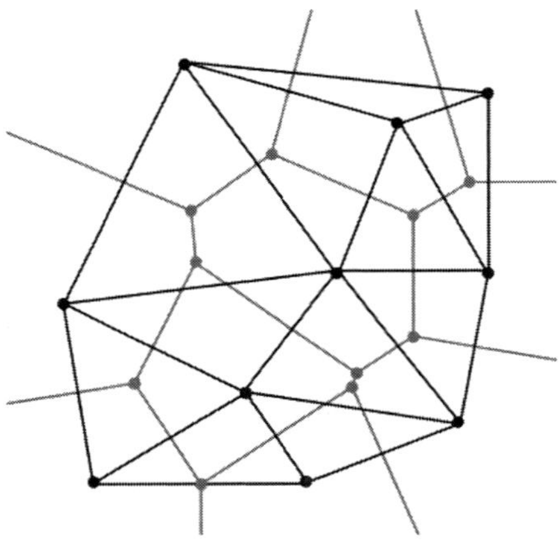

그림 4.6 보로노이 다각형

4.2 실험 재료 살펴보기

1) 플라스틱 거울 3개
2) 원형 케이스 세트
3) 투명컵
4) 원형 LED
5) 보로노이 다이어그램
6) 트레싱지(기름종이)
7) OHP 필름지

● 개인 준비물: 가위, 투명테이프, 색칠용 유성펜(매직, 네임펜 등)

4.2.1 LED

LED는 전류가 흐르면 빛을 내는 조명의 한 종류로 발광 다이오드라고도 불린다. 열을 발생시켜 빛을 내는 기존의 전구와 달리 전기가 직접 반도체를 통하여 빛으로 전환된다. LED는 일반적인 전구나 형광등보다 전기를 절약할 수 있고 오래 사용할 수 있다. 특히 빛의 떨림이 없이 일정하게 빛을 주기 때문에 눈에 피로를 주는 양이 적다.

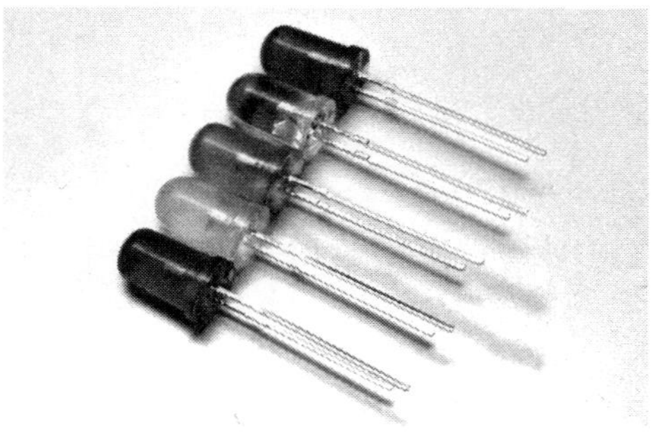

그림 4.7 LED

실험 04

보로노이 빛 상자 만들기

실험 목표

빛과 반사에 대해 알아보고 보로노이 상자를 만들어 보자.

실험 방법

① 보로노이 다이어그램 위에 OHP 필름지를 올린 후 굵은 선과 점을 유성펜으로 따라 그린다.

② OHP 필름지를 뒤집어서 다각형을 다양한 유성펜으로 색칠한다.

③ OHP 필름지와 트레싱지에 원형 케이스를 대고 선을 그린 후 가위로 (조금 작게) 오린다.

④ 자른 OHP 필름지를 통 안쪽에 넣는다.

⑤ 플라스틱 거울을 다양한 길이로 자르고, 각각 양 끝을 맞대어 잡고 셀로판테이프로 붙여 물방울 모양으로 만든다.

⑥ 만든 물방울 모양의 거울과 트레싱지를 넣고 뚜껑을 닫은 후, 원형 케이스의 옆면에 셀로판테이프를 붙여 고정한다.

⑦ 투명컵 뒤에 원형 LED를 부착하고 케이스 OHP 필름이 있는 면에 셀로판테이프로 붙여 완성한다.

⑧ 원형 LED 중앙을 눌러 환상적인 빛을 감상한다.

실험보고서

학과 학번 이름 일자 실험조

4.1 빛이란 무엇인가?

4.2 빛의 정반사와 난반사의 차이점은 무엇인가?

4.3 빛의 굴절이란 어떤 현상을 말하는가?

4.4 보로노이 다이어그램이란 무엇인가?

심화학습

4.5 실생활에서 빛의 성질에 대해서 서로 토의해 보자.

4.6 LED 램프의 장단점을 조사해 보자.

EXPERIMENT 05 광섬유 조명등

5.1 배경지식 쌓기

5.1.1 빛

빛이란 좁은 의미에서 가시광선, 즉 일반적으로 사람이 볼 수 있는 약 400nm에서 700nm 사이의 파장을 가진 전자기파를 뜻한다. 넓은 의미에서는 모든 종류의 전자기파를 지칭한다.

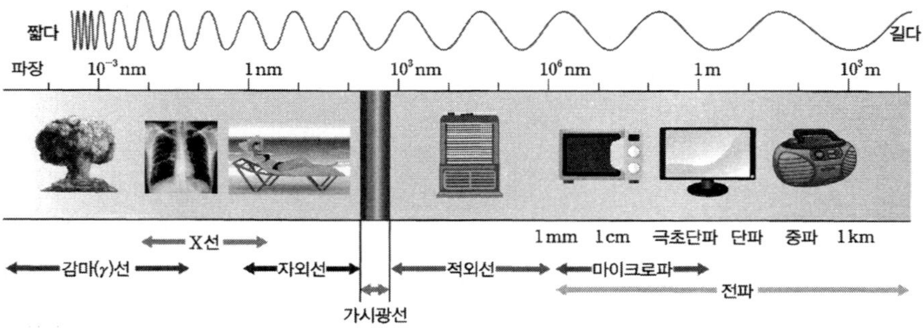

그림 5.1 빛

5.1.2 매질

어떤 파동 또는 물리적 작용을 한 곳에서 다른 곳으로 옮겨 주는 매개물을 매질이라고 한다. 예를 들어, 소리의 매질은 일반적으로 공기(기체)이지만, 액체 또는 고체도 포함된다.

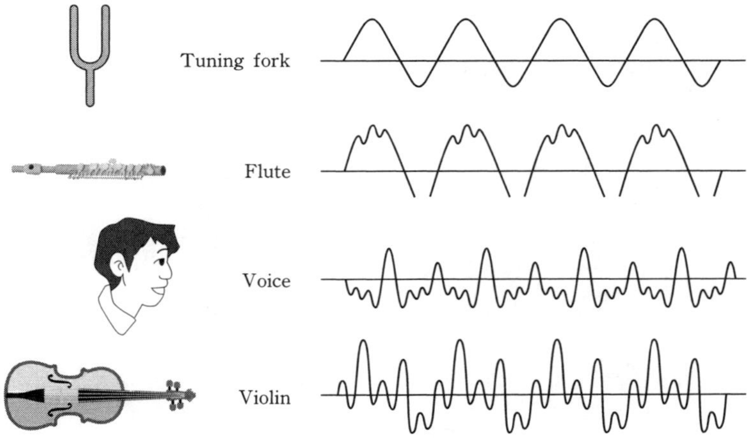

그림 5.2 매질

5.1.3 반사

빛은 거울로 햇빛을 반사시키면 햇빛의 진행 방향이 바뀌므로 거울을 이용하여 빛을 원하는 곳으로 보낼 수 있다. 이처럼 직진하던 빛이 물체에 부딪칠 때 진행 방향이 바뀌어 나아가는 현상을 빛의 반사라고 한다.

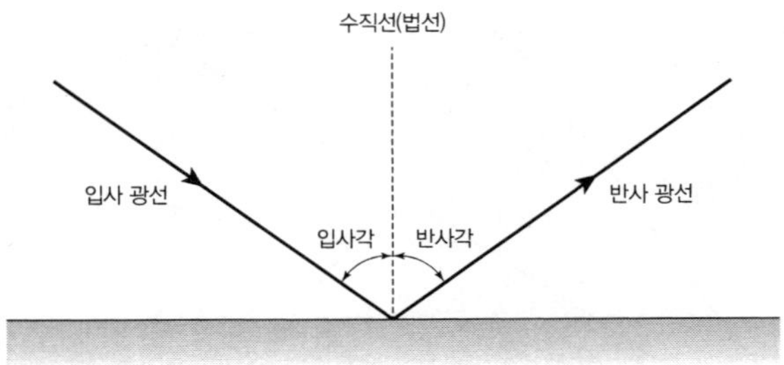

그림 5.3 빛의 반사

5.1.4 굴절

빛이 한 매질에서 다른 매질로 진행할 때 속력이 변하여 빛의 진행 방향이 바뀌는 현상을 굴절이라고 한다. 빛이 매질 1에서 매질 2로 진행할 때, 입사각과 굴절각의 사인(sine) 값의 비는 항상 일정하다. 또한 빛의 진행 방향과 법선이 이루는 각은 속력이 빠른 매질 쪽이 크다.

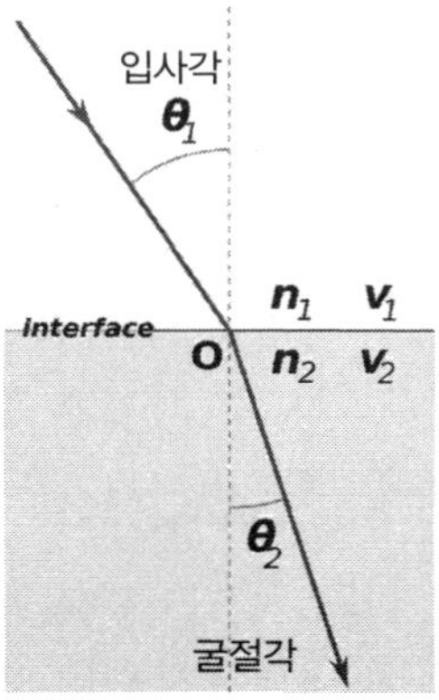

$$\text{굴절률}(n) = \frac{\text{진공 중 빛의 속도}}{\text{매질 내 빛의 속도}}$$

스넬의 법칙(Snell's law)

$$\frac{\sin\theta_1}{\sin\theta_2} = \frac{v_1}{v_2} = \frac{\lambda_1}{\lambda_2} = \frac{n_2}{n_1}$$

$$n_1 \sin\theta_1 = n_2 \sin\theta_2$$

그림 5.4 빛의 굴절

5.1.5 전반사

빛이 굴절되지 않고 완전히 반사되는 현상을 전반사라고 한다. 보통 빛의 속도가 느린 물체에서 빠른 물체로 진행할 때 나타난다. 즉 속력이 느린 매질에서 빠른 매질로 빛이 입사할 때 임계각보다 큰 입사각에서 굴절하는 빛 없이 모두 반사되는 전반사가 일어난다.

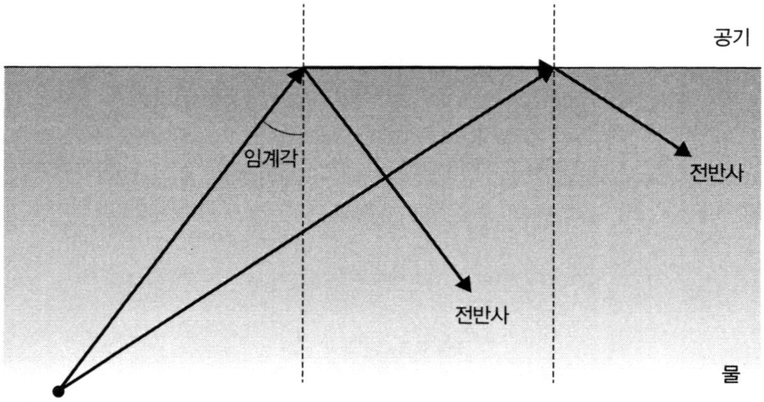

그림 5.5 빛의 전반사

5.1.6 광섬유

전반사를 통해 빛의 손실 없이 전달시키는 섬유를 광섬유라고 한다. 보통 광섬유는 투명도가 아주 높은 석영 유리로 가늘고 길게 만든다.

그림 5.6 광섬유

5.2 실험 재료 살펴보기

1) 펠트지
2) LED 램프
3) 광섬유 트리
4) 와이어 LED
5) 투명 돔
6) 원형 EVA
7) 양면테이프
8) 진주장식
9) CD
10) 투명 라벨 도안

● 개인 준비물: 가위, 셀로판테이프, 색칠용 매직이나 네임펜

5.2.1 LED

LED는 전류가 흐르면 빛을 내는 조명의 한 종류로 발광 다이오드라고도 불린다. 열을 발생시켜 빛을 내는 기존의 전구와 달리 전기가 직접 반도체를 통하여 빛으로 전환된다. LED는 일반적인 전구나 형광등보다 전기를 절약할 수 있고 오래 사용할 수 있다. 특히 빛의 떨림이 없이 일정하게 빛을 주기 때문에 눈에 피로를 주는 양이 적다.

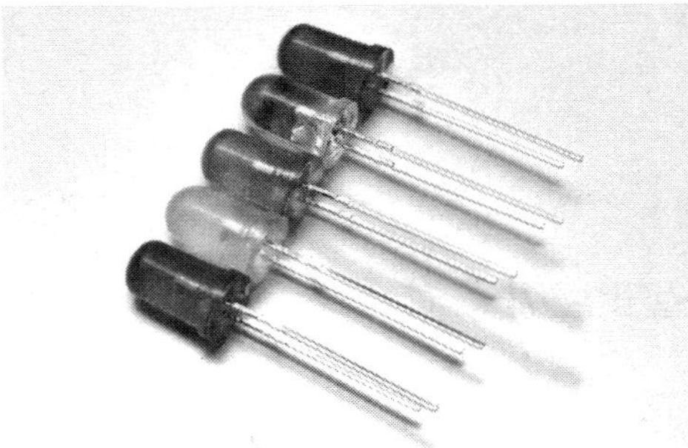

그림 5.7 LED

5.2.2 셀로판테이프

1925년에 최초로 마스킹 테이프를 개발한 3M의 리처드 드류(1899~1980)는 방수 테이프를 만들기 위해, 듀폰사에서 개발된 셀로판지라는 얇고, 투명하며, 습기를 방지할 수 있는 당시로서 매우 혁신적인 제품에 관심을 갖게 됐다. 수많은 시행착오를 거치며 리처드 드류는 1929년에 셀로판테이프를 만들었다.

실험 05

광섬유 조명등 만들기

실험 목표

광섬유에 대해 알아보자.

실험 방법

① 펠트지를 반으로 접어 가운데 동그란 선을 자른다.

② 뒷면 종이를 떼어내고 CD에 붙여준다.

③ 원형 LED가 잘 작동하는지 확인 후, 양면테이프를 잘라 원형 LED 윗면 양쪽에 붙인 뒤 CD 구멍에 맞춰 붙여준다.

④ 광섬유 트리의 윗부분을 조금 잘라준다.

⑤ 원형 EVA 가운데 구멍에 광섬유 트리를 끼워준다.

⑥ 양면테이프를 잘라 원형 EVA 바닥 양쪽에 붙이고, CD중앙 램프에 맞춰 붙여준다.

⑦ 선물상자 도안의 투명 라벨을 색칠하여 원형 EVA에 붙여준다.

⑧ 다른 도안의 라벨을 색칠하여 투명 돔에 붙여준다.

⑨ 와이어 LED를 투명 돔에 셀로판테이프로 붙여준다.

⑩ 진주장식을 이용해 CD나 투명 돔을 장식해준다.

⑪ 완성된 광섬유 조명등의 조명을 켜 확인한다.

실험보고서

학과 학번 이름 일자 실험조

5.1 반사란 무엇인가?

5.2 굴절이란 무엇인가?

5.3 전반사란 무엇인가?

5.4 광섬유란 무엇인가?

심화학습

5.5 실생활에서 광섬유가 사용되는 것을 찾아서 서로 토의해 보자.

EXPERIMENT 06

뮤직박스

6.1 배경지식 쌓기

6.1.1 뮤직박스(오르골)

오르골은 일정한 음악이 자동으로 연주되는 기구를 말한다. 조그만 상자 속에서 회전하는 쇠막대기의 바늘이 음계판에 닿아 곡이 연주된다. 실린더식 오르골은 태엽을 감으면 원통의 돌기들이 긴 건반을 튕기면서 소리를 내는 오르골이다. 디스크식 오르골은 디스크가 돌면서 금속편, 디스크의 구멍, 금속핀이 서로 맞물려 소리를 내는 오르골이다. 찬공리더식 오르골은 구멍이 뚫린 종이 악보에 금속핀이 걸리면서 금속편을 울려 곡을 연주하는 오르골이다.

실린더식 오르골

천공리더식 오르골

디스크식 오르골

그림 6.1 오르골의 종류

6.1.2 오르골의 원리

머리빗 모양의 금속편과 좁은 간격을 두고 바짝 붙어 있는 실린더(원통)는 길이가 다른 금속편을 튕겨주는 역할을 한다. 실린더에 붙어 있는 조그맣게 튀어나와 있는 돌기가 실린더가 회전할 때마다 금속편을 건드리면서 연주된다.

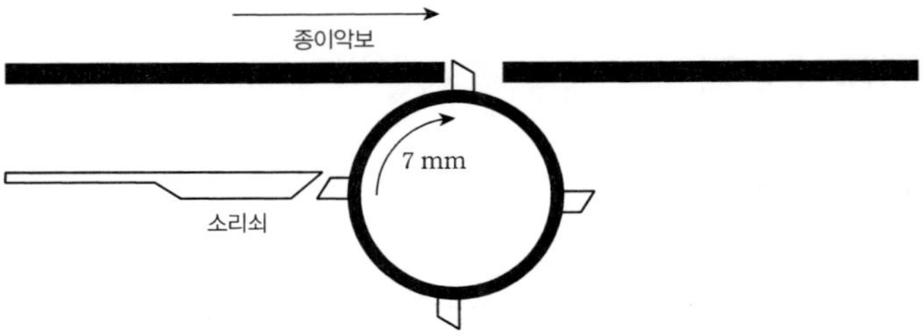

그림 6.2 오르골의 원리

6.1.3 소리의 이동

공기의 흔들림을 소리라고 한다. 소리는 파동의 한 종류로, 곡이 연주될 때 악기에 의해 주위의 공기가 흔들리고, 이 흔들리는 공기의 에너지가 다시 주변 공기를 진동시키며 퍼져 나가 우리의 귀까지 전달된다.

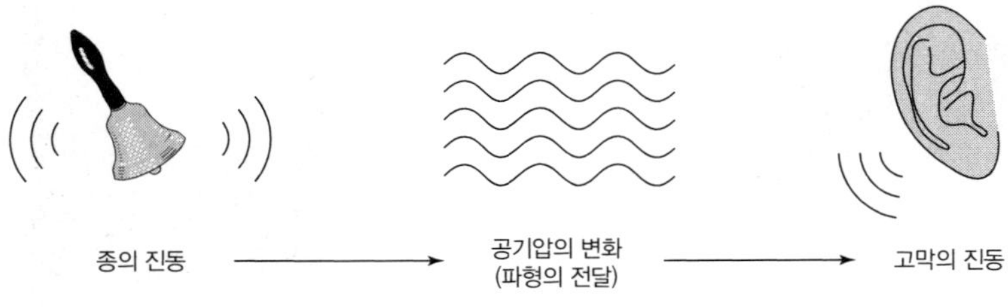

그림 6.3 소리의 이동

6.1.4 음파

음파는 공기나 물 등의 매질이 물체의 진동을 받아 생기는 파동을 의미한다. 음파의 진동수가 커지면 음높이는 높아지고, 소리의 크기가 커진다. 반대로 음파의 진동수가 작아지면 음높이는 낮아지고, 소리의 크기가 작아진다.

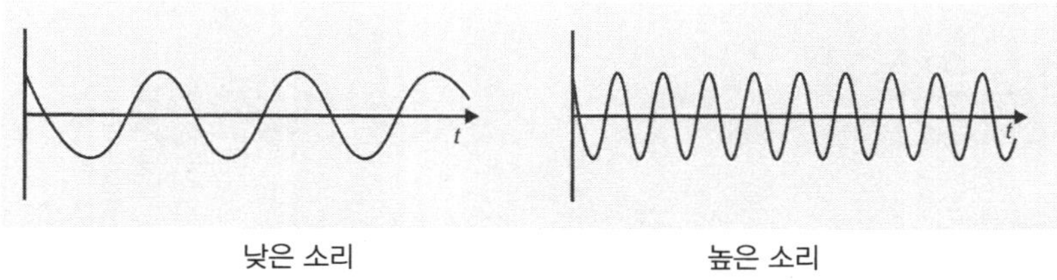

그림 6.4 음파

6.1.5 진동

진동(oscillation)은 주기가 있는 변화를 말한다. 긴 금속편은 진동이 느리기 때문에 낮은 소리를 내고, 짧은 금속편은 진동이 빠르기 때문에 높은 소리를 낸다.

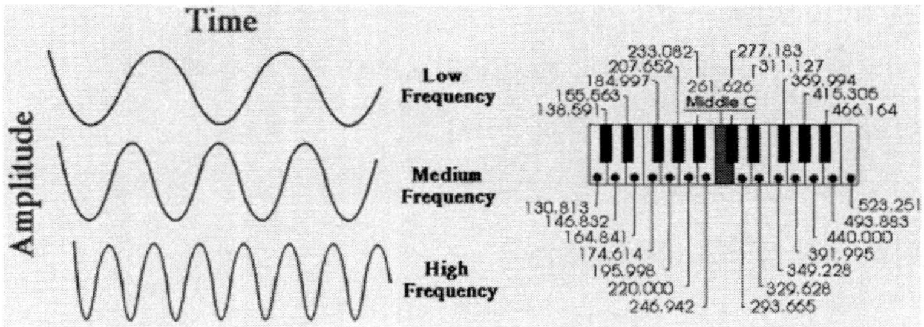

그림 6.5 진동

6.2 실험 재료 살펴보기

1) 오르골 조립용 나무판 2) 실린더

3) 나사 4) 드라이버

● 개인 준비물: 싸인펜, 매직

실험 06

뮤직박스 만들기

실험 목표

소리의 진동에 대해 알아보자.

실험 방법

① 오르골 상자 도안의 각 면들을 떼어낸다.

② 오르골 상자 바닥면과 앞 뒷면을 조립한다.

③ 오르골 상자 옆면을 앞 뒷면 사이에 걸친다.

④ 오르골 옆면 구멍에 뚜껑을 끼운 후 옆면을 바닥면에 끼워준다.

⑤ 상자 안쪽에 실린더를 넣으면서 손잡이를 오른쪽 구멍으로 빼준다.

⑥ 바닥면의 구멍에 맞추어 나사를 고정한다.

⑦ 상자의 표면을 색칠하거나 그림으로 꾸민다.

⑧ 손잡이를 돌려 음악 소리를 들어본다.

실험보고서

학과 학번 이름 일자 실험조

6.1 오르골이란 무엇인가?

6.2 진동이란 무엇인가?

6.3 진동수에 따라 음높이는 어떻게 달라지는가?

6.4 음파란 무엇인가?

심화학습

6.5 실생활에서 오르골이 사용되는 것을 찾아서 서로 토의해 보자.

EXPERIMENT 07

빛 조절 램프

7.1 배경지식 쌓기

7.1.1 옴의 법칙

옴의 법칙(Ohm's law)은 도체의 두 지점 사이에 나타나는 전위차(전압)에 의해 흐르는 전류가 일정한 법칙에 따르는 것을 말한다. 두 지점 사이의 도체에 일정한 전위차가 존재할 때, 도체의 저항(resistance) 크기와 전류의 크기는 반비례한다. I는 도선에 흐르는 전류로 단위는 암페어(A, ampere), V는 도체에 양단에 걸리는 전위차로 단위는 볼트(V, volt), 그리고 R은 도체의 전기저항(resistance)으로 단위는 옴(Ω, ohm)이다. 특히, 옴의 법칙에서 저항 R은 상수이고, 전류와 독립적이다.

$$\text{전류}(I) = \frac{\text{전압}(V)}{\text{저항}(R)}$$

그림 7.1 옴의 법칙

7.1.2 센서

센서란 열, 빛, 온도, 압력, 소리 등의 물리적인 양이나 그 변화를 감지하여 전기적인 신호로 알려주는 부품이나 기구를 뜻한다.

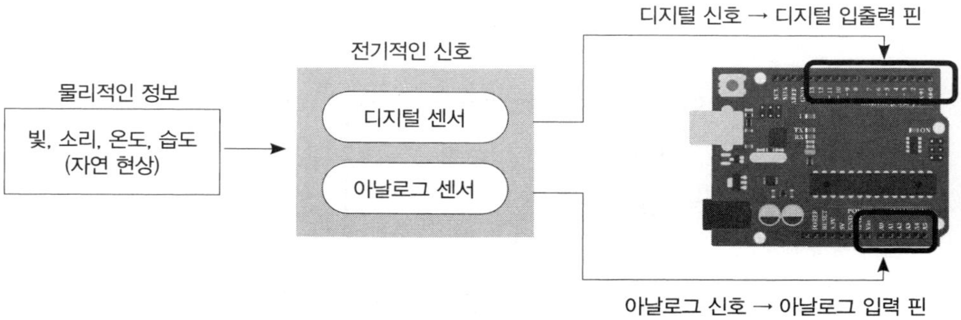

그림 7.2 센서의 신호 전달

7.1.3 빛 조절 센서

빛 조절 센서는 밝기를 측정하는 센서이다. 즉 밝을 때는 저항이 작아져서 전류가 증가하고, 어두워지면 저항이 커져서 전류가 감소한다. 회로도에서는 밝을 때 LED가 꺼지고, 어두워지면 LED가 켜지는 반대의 현상이 나타나는데 그 이유는 트랜지스터가 전류의 흐름을 조절하여 전환되는 효과를 주기 때문이다.

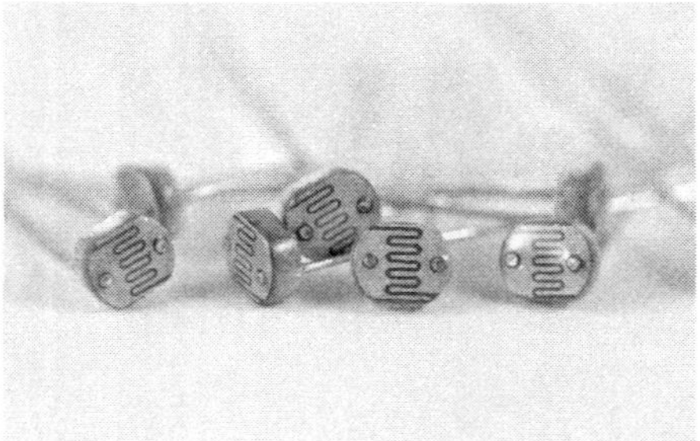

그림 7.3 빛 조절 센서

7.1.4 전류

전류는 전하의 흐름으로, 단위 시간 동안에 흐른 전하의 양으로 정의된다. 전하의 흐름은 전선과 같은 도체, 전해질의 특성을 갖는 이온, 플라스마 등에서 일어난다. 전류의 SI 단위는 암페어(A)로 1암페어는 1초당 1쿨롱의 전하가 흐르는 것을 의미한다.

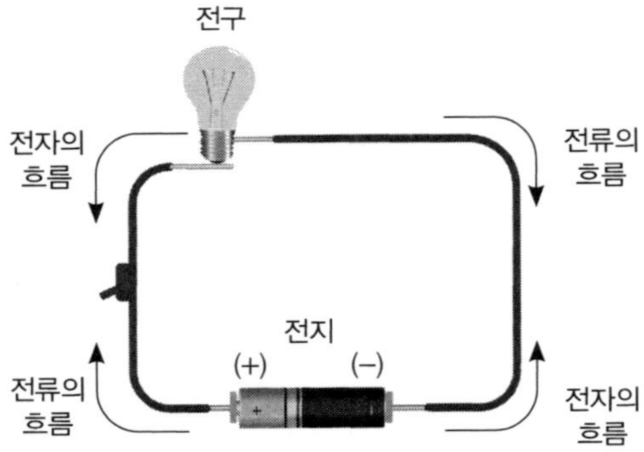

그림 7.4 전류와 전자의 흐름

7.1.5 저항

전기저항(electrical resistance)은 도체에서 전류의 흐름을 방해하는 정도를 나타내는 물리량이다. 국제단위계 단위는 옴(Ω)으로 나타낸다. 전기회로 이론에서는 간단히 줄여 저항(R)이라고 부른다.

7.1.6 조도

조도는 단위 면적당 주어지는 빛의 양을 뜻한다. 광원으로부터 빛에 반사된 물체(단위 면적)가 얼마나 밝게 보이는지 나타내며, 단위는 cd/m^2으로 나타낸다. 빛 조절 램프는 조도 센서를 이용한 램프이다.

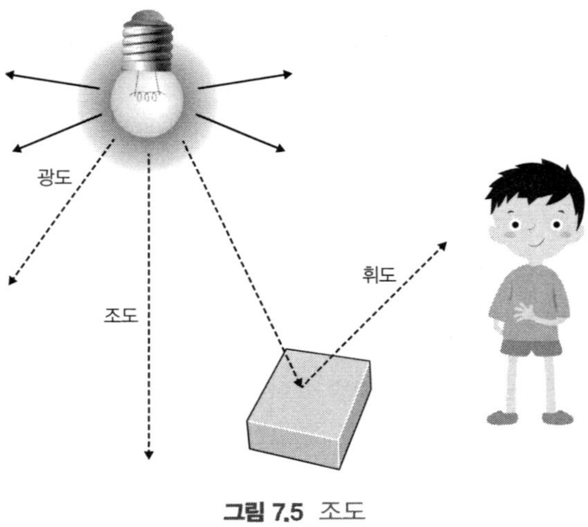

그림 7.5 조도

7.2 실험 재료 살펴보기

1) 종이 용기
2) 스위치
3) 트랜지스터
4) 건전지
5) LED
6) 빛 조절 센서(황화카드뮴 센서)
7) 전지 끼우개
8) 커넥터(2구, 3구)
9) 고무캡
10) 저항
11) 전선
12) 뚜껑
13) 몰드
14) 플러버 가루

- 개인 준비물: 물

7.2.1 트랜지스터

트랜지스터(transistor)는 저마늄(Ge), 규소(Si)와 같은 반도체를 이용하여 전자 신호 및 전력을 증폭하거나 변환하는 데 사용되는 반도체소자이다.

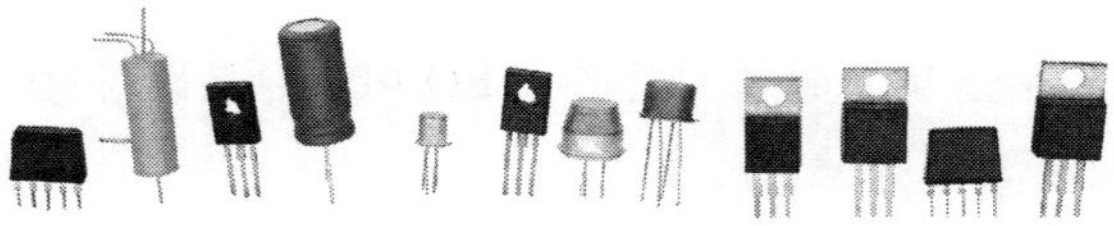

그림 7.6 트랜지스터

7.2.2 커넥터

커넥터는 전기 기구와 코드 또는 코드와 코드를 연결하여 전기 회로를 구성하기 위한 아주 간단한 기능을 수행하는 접속 기구를 말한다. 즉, 회로 안에서 두 전도체를 이어주는 것으로 한 전도체에서 다른 전도체로 전류가 흐르게끔 하는 역할을 한다.

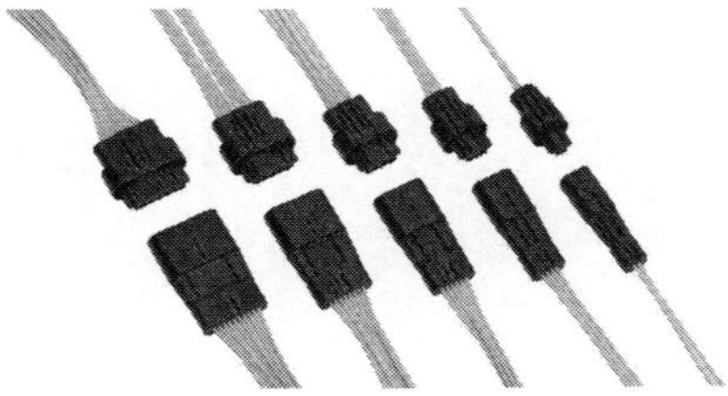

그림 7.7 커넥터

실험 07

빛 조절 램프 만들기

실험 목표

전류와 저항에 대해 배워보고 직접 빛 조절 램프를 만들어 보자.

실험 방법

① 커넥터에 색깔을 구분하여 전선을 끼운 후, LED, 빛 조절 센서, 트랜지스터, 저항, 스위치를 꽂는다.

② 같은 색상의 전선끼리 묶은 후, 고무캡을 씌운다.

③ 전지 끼우개에 건전지를 끼운다.

④ 스위치, 센서, LED를 분리하여 종이용기 구멍에 맞추어 스위치와 센서를 밖에서 꽂은 뒤, 용기 안쪽에서 커넥터에 연결하고 회로를 정리하여 넣는다.

⑤ 몰드에 플러버 가루를 넣고 물을 부은 후, LED 머리 부분을 중앙에 꽂아 구멍을 만든다. 시간이 지나면 몰드를 분리한다.

⑥ LED 전구를 뚜껑 밖에서 꽂아 커넥터에 연결하여 뚜껑을 닫고 장식용 젤리를 LED 위에 올린다.

⑦ 스위치를 켜고 손으로 가렸다 떼어보면서 불빛이 잘 들어오는지 확인한다.

실험보고서

학과 　　 학번 　　 이름 　　 일자 　　 실험조

7.1 전류란 무엇인가?

7.2 저항이란 무엇인가?

7.3 조도란 무엇인가?

7.4 전류와 전자의 흐름 차이는 어떤가?

7.5 빛 조절 센서란 무엇인가?

심화학습

7.6 실생활에서 빛 조절 센서가 사용되는 것을 찾아서 서로 토의해 보자.

EXPERIMENT 08

LED 그림 액자

8.1 배경지식 쌓기

8.1.1 발광

발광이란 물질이 전자파, 열 또는 마찰을 통해 에너지를 받아 들뜬 상태로 되고, 그 에너지가 특정 파장의 빛을 방출하는 현상을 말한다.

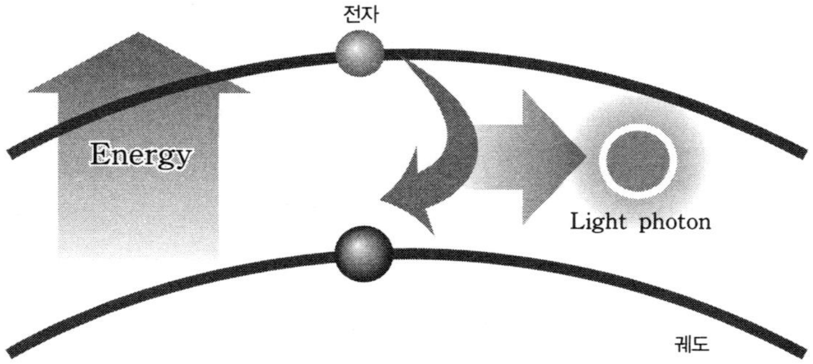

그림 8.1 발광

발광은 다시 형광과 인광으로 분류되는데, 형광(Fluorescence)은 에너지를 받아 높은 에너지 준위(S_1, 들뜬 상태)로 올라갔다가 곧 낮은 에너지 준위(S_0)로 내려오면서 빛을 내는 것이고, 인광(Phosphorescence)은 처음의 들뜬 상태(S_1)에서 다른 에너지 준위(T_1)의 들뜬 상태로 이동했다가 S_0으로 내려오면서 빛을 내는 것을 말한다.

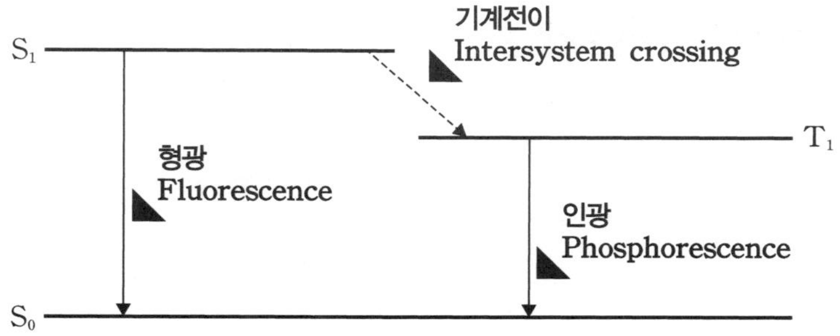

그림 8.2 형광과 인광

8.1.2 발광 다이오드(LED)

발광 다이오드는 순방향으로 전압을 가했을 때(전계) 발광하는 반도체 소자로 LED(Light Emitting Diode)라고도 불린다. 발광의 원리는 전계 발광 효과를 이용한다. 발광 다이오드(LED)는 반도체를 이용한 PN 접합이라고 불리는 구조로 발광은 PN 접합에서 전자가 가지는 에너지가 직접 빛 에너지로 변환되기 때문에 거시적으로 열이나 운동에너지를 필요로 하지 않는다.

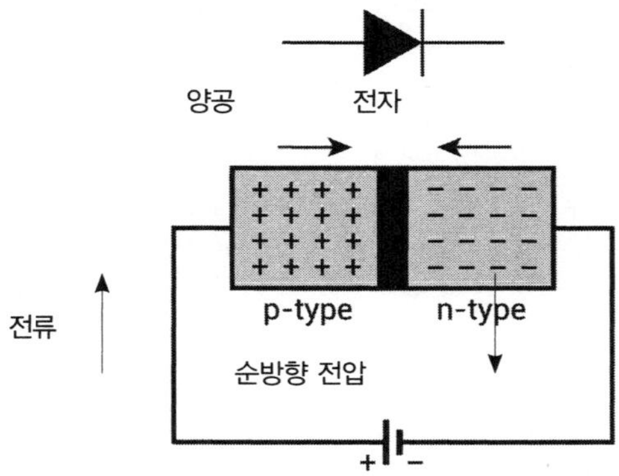

그림 8.3 발광의 원리

8.2 실험 재료 살펴보기

1) LED 전구
2) 전도성 테이프
3) 전지 끼우개
4) 액자 받침대
5) 우드락
6) 그림 도안
7) 리튬전지

● 개인 준비물: 가위, 매직, 사인펜, 색연필 등

8.2.1 LED 전구

일반 전구는 극성이 없지만, LED 전구는 극성이 있다. LED 전구는 두 개의 다리를 가지고 있는데, 긴 쪽의 다리는 (+)극을 띠고, 짧은 쪽의 다리는 (−)극을 띤다. 따라서 긴 다리는 건전지의 (+)극에 연결하고, 짧은 다리는 건전지의 (−)극에 연결해야만 불이 들어온다.

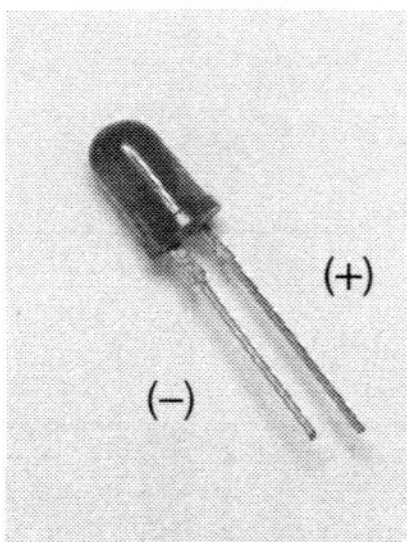

그림 8.4 LED 전구

실험 08

LED 그림 액자 만들기

실험 목표

LED에 대해 알아보자.

LED 그림 액자를 만들어 보자.

실험 방법

① 매직이나 싸인펜, 색연필 등을 이용하여 그림 도안을 예쁘게 색칠해준다.

② 색칠한 그림 도안의 뒷면 스티커를 떼어 우드락에 붙여준다.

③ 그림에서 불빛이 들어갈 곳에 LED 전구를 꽂아준다.

④ 우드락 뒷면의 LED 다리 양옆에 전도성 테이프를 잘라 붙인다.

⑤ LED 전구 다리를 양쪽 전도성 테이프 쪽으로 꺾어준다.

⑥ LED 다리 위에 전도성 테이프를 잘라 붙여 고정한다.

⑦ 리튬 전지의 +극이 보이도록 전지 끼우개에 끼우고 극을 구분하여 전도성 테이프 위에 꽂는다. (끼우개의 튀어나온 부분이 +극)

⑧ 액자 받침대에 놓아주면 LED 그림 액자 만들기가 완성된다.

실험보고서

학과 학번 이름 일자 실험조

8.1 발광이란 무엇인가?

8.2 형광과 인광의 차이는 무엇인가?

8.3 발광 다이오드(LED)는 어떠한 구조로 이루어져 있는가?

심화학습

8.4 실생활에서 LED가 사용되는 것을 찾아서 서로 토의해 보자.

EXPERIMENT 09

젤리 램프

9.1 배경지식 쌓기

9.1.1 플러버

고무(Rubber)의 성질을 가지고 있으면서 성형이 비교적 자유로운 플라스틱과 같다고 해서 플러버(Flubber)라고 한다. 플러버는 PVA, 붕사 및 색소를 섞은 혼합가루이다. 성분 비율에 따라 "액체괴물" 또는 "탱탱볼"과 같은 말랑말랑한 장난감을 만들 수 있다. 물을 넣어주면 서로 달라붙어 엉키는 경향을 보이는데 이는 가교결합의 원리로 인해 일어난다. 플러버는 엘머스 글루(Elmer's Glue) 등의 폴리아세트산비닐 기반의 접착제로 만들 수 있다.

9.1.2 화학 결합

공유 결합은 비금속 원자들이 홀전자를 서로 내놓아 전자쌍을 만들고, 이 전자쌍을 서로 공유하는 결합이다.

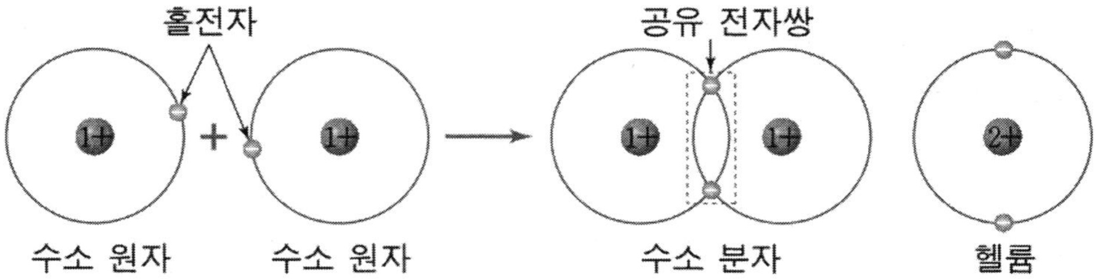

그림 9.1 공유 결합의 예

배위 결합은 한 원자가 다른 원자에게 비공유 전자쌍을 일방적으로 제공하여 이루어지는 결합을 말한다.

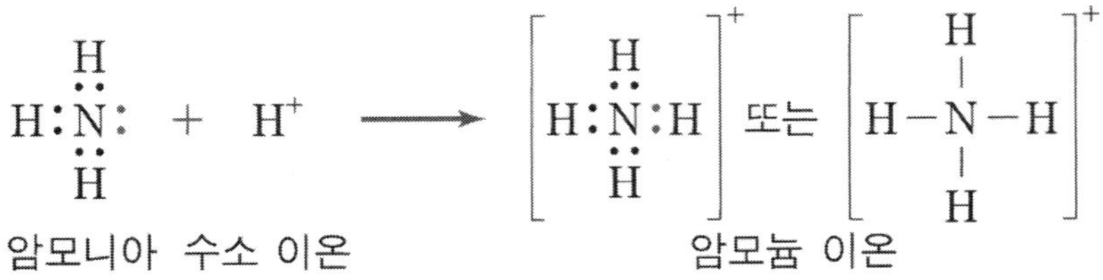

그림 9.2 배위 결합의 예

이온 결합은 양이온과 음이온 사이의 정전기적 인력에 의한 화학 결합으로 다른 중성원자가 각각 이온을 형성하고, 두 이온이 만나 정전기적 인력에 의해 결합한다.

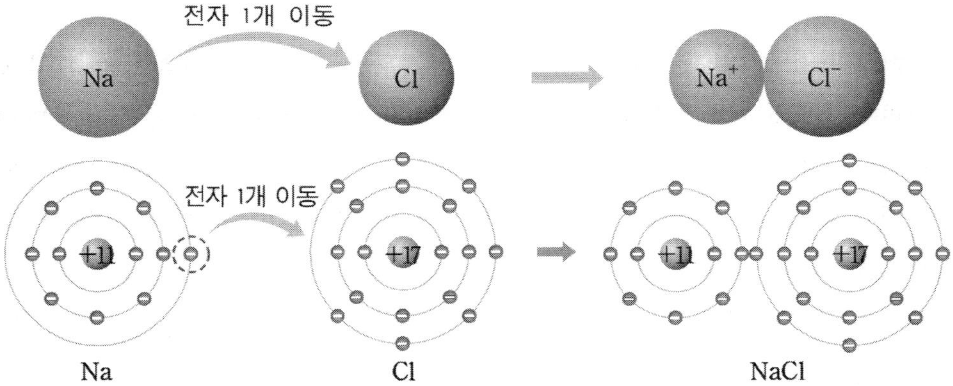

그림 9.3 이온 결합의 예

젤리 램프 실험에서 사용되는 PVA와 렌즈 보존액(붕사)에 물을 넣어줘야만 가교결합이 형성된다. 즉, 가교결합은 사슬 고분자를 화학적으로 재결합하여 3차원적인 그물구조의 분자로 만드는 결합이다. 물에 녹은 붕사 용액에 PVA를 첨가하면 붕사 입자가 PVA 분자의 사이에 끼어들어 분자 사이를 거대한 사슬로 연결시키기 때문에 덩어리가 진다.

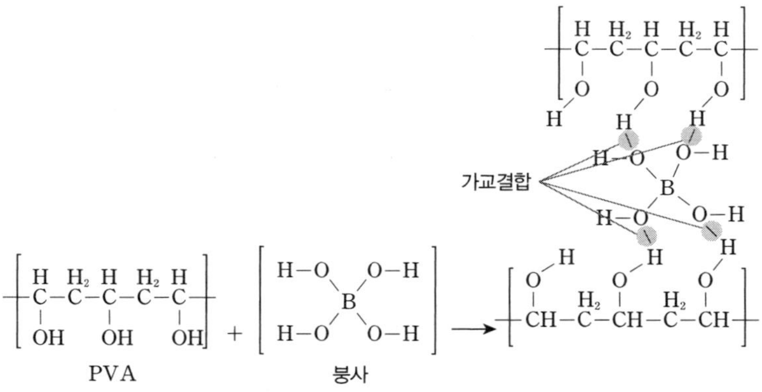

그림 9.4 가교결합의 예

9.2 실험 재료 살펴보기

1) 플러버 가루
2) 몰드(모형틀)
3) LED 램플
4) 아로마 향

● 개인 준비물: 물

9.2.1 PVA

PVA(polyvinyl alcohol)는 물에 녹는 중합체이다. 바이닐알코올수지라고도 한다. 폴리바이닐알코올의 특성을 살펴보면 녹는점은 200℃, 밀도는 1.19g/cm³, 화학식은 $(C_2H_4O)x$, 끓는점은 228℃를 나타낸다. 사용 시 필름 형성, 에멀전, 접착 특성이 뛰어나고, 기름, 윤활유, 용매와는 섞이지 않는다. 폴리비닐알코올(PVA)는 수산기(−OH)가 붙은 구조가 무수히 반복된 고분자이다. 수산기가 있는 PVA 는 고분자이지만, 물에 잘 녹는다. 그래서 화장품, 접착제, 필름 등에 널리 사용된다.

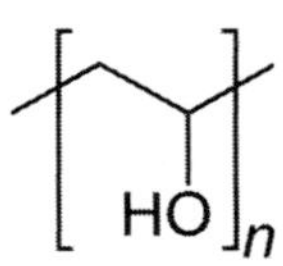

그림 9.5 PVA

9.2.2 붕사(Borax)

붕사는 붕소 화합물로 테트라분산나트륨이라는 붕산의 원료이다. 녹는점은 743℃, 밀도는 1.73g/cm^3, 화학식은 $Na_2[B_4O_6(OH)_4] \cdot 8H_2O$, 끓는점은 1,575℃이다. 굳어진 붕사는 하얀색이며 물에 쉽게 용해되는 무색의 부드러운 수정으로 구성되어있다. 붕사는 여러 용도로 사용되는데, 세제, 화장품 등에 가장 많이 사용된다. 또한, 완충용액, 방염, 항균제 등에서 사용되고, 비료, 비누 및 의약품에도 많이 사용된다.

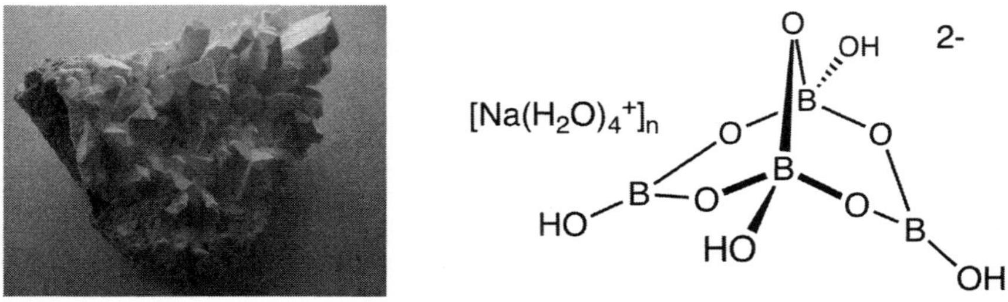

그림 9.6 붕사

실험 09

젤리 램프 만들기

실험 목표

플러버에 대해 알아보자.

화학 결합에 대해 알아보자.

실험의 주원리인 가교결합에 대해 알아보자.

제조 구성성분을 이해한다.

실험 방법

① 모형틀에 혼합가루가 넘치지 않을 만큼 평평하게 채워준다.

② 혼합가루가 촉촉이 젖을 만큼 물을 부어준다.

③ 모형틀 중심 부분에 LED 램프를 거꾸로 꽂는다. (1분 정도 램프를 살짝 눌러 준다.)

④ LED 램프면을 바닥에 놓고 천천히 모형틀을 분리한다.

⑤ 윗면에 아로마 향을 뿌리고 램프의 스위치를 켜서 불빛을 확인한다.

실험보고서

학과 학번 이름 일자 실험조

9.1 PVA와 붕사가 만나면 어떠한 변화가 일어나는가?

9.2 가교결합이란 무엇인가?

9.3 PVA는 어떤 용매에 잘 녹으며 그 이유는 무엇인가?

9.4 플러버는 무엇인가요?

심화학습

9.5 실생활에서 PVA가 사용되는 제품을 찾아서 서로 토의해 보자.

EXPERIMENT 10

색이 변하는 슬라임

10.1 배경지식 쌓기

10.1.1 슬라임의 원리

슬라임은 PVA와 붕사의 가교결합으로 인해 생긴 결과물이다. 슬라임은 엘머스 글루(Elmer's Glue) 등의 폴리아세트산비닐기반의 접착제로 만들 수 있다. 현재는 붕사의 위험성이 알려져 붕사가 아닌 렌즈 세정액에 사용되는 리뉴액 등 안전한 물질로 제조한다.

10.1.2 붕사

붕사는 붕소 화합물로 붕산의 원료이다. 비료, 비누 및 의약품에 많이 사용된다. 그러나 붕사에 장기간 노출되어있거나, 피부가 약한 상태에서 직접적으로 붕사를 만질 경우 화상을 입게 된다. 그래서 현재는 붕사가 아닌 렌즈 세정액(리뉴액)을 사용해 안전한 슬라임을 만든다.

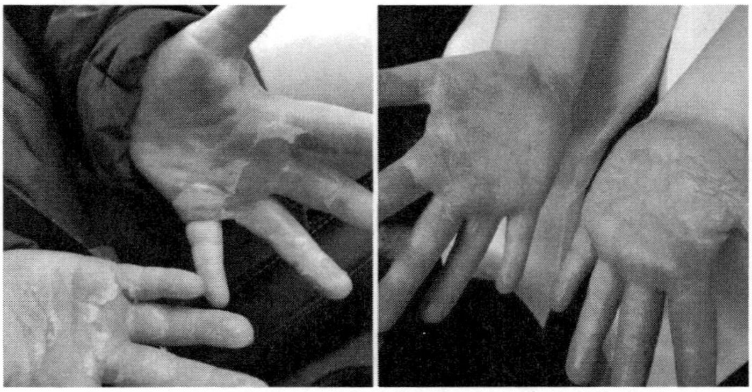

그림 10.1 붕사를 이용한 슬라임에 의한 화상 흉터 (출처: 챠챠의 깜놀TV)

10.1.3 가교결합

가교결합은 사슬 고분자를 화학적으로 재결합하여 3차원적인 그물구조의 분자로 만드는 결합이다. 물에 녹은 붕사 용액에 PVA를 첨가하면 붕사 입자가 PVA 분자의 사이에 끼어 들어 분자 사이를 거대한 사슬로 연결시키기 때문에 덩어리가 진다.

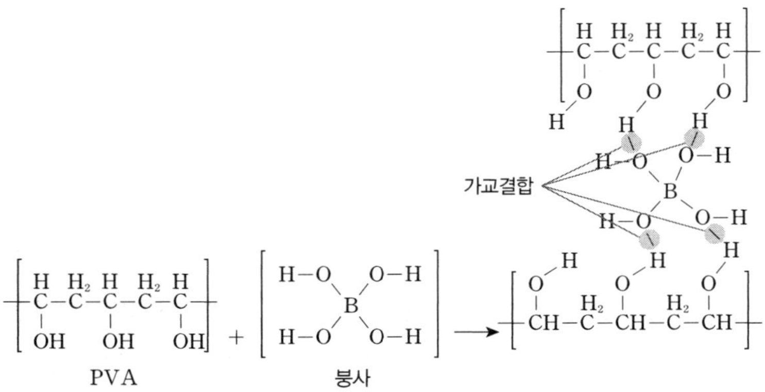

그림 10.2 가교결합의 예

10.1.4 감광안료와 감온안료

감광안료는 빛에 의해 색상이 변하는 안료이다. 자외선 빛을 쬐면, 내부 물질에 구조 변화를 가져와 색상을 띠게 되고, 빛을 차단시키면 내부 물질 원래의 구조로 되돌아와 색상이 없어지게 된다. 감온안료는 온도에 따라 색상이 변하는 안료이다. 기준 온도에 도달함에 따라 색이 없어지기 시작했다가 기준 온도에 도달하면 투명해졌다가 다시 온도가 내려가면 원래의 색으로 돌아온다.

10.2 실험 재료 살펴보기

[감광 슬라임]

1) 물풀 2) 용기 3) 렌즈세정액

4) 베이킹소다 5) 감광안료 6) 나무 막대

7) 자외선 펜 또는 램프

[감온 슬라임]

1) 물풀 2) 용기 3) 베이킹소다 4) 색소
5) 감온안료 6) 나무막대 7) 렌즈세정액

10.2.1 PVA가 포함된 물풀

PVA(polyvinyl alcohol)는 물에 녹는 중합체이다. 바이닐알코올수지라고도 한다. 폴리바이닐알코올은 필름 형성, 에멀전, 접착 특성이 뛰어나 물풀 등 접착제에 많이 사용된다. 따라서 PVA 대신 물풀을 사용하여 슬라임을 만들 수 있다. 폴리비닐알코올(PVA)은 수산기(−OH)가 붙은 구조가 무수히 반복된 고분자이다. 수산기가 있는 PVA는 고분자이지만, 물에 잘 녹는다. 그래서 화장품, 접착제, 필름 등에 널리 사용된다. 슬라임 실험에서는 PVA가 포함되어있는 "물풀"을 사용한다.

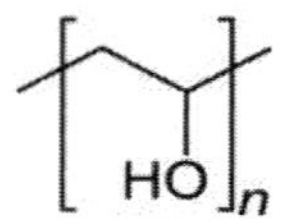

그림 10.3 PVA

10.2.2 렌즈 세정액(리뉴액)

최근에는 안전상의 이유로 붕사 대신 렌즈 세정액(일명 리뉴액)을 이용해서 만든다. 렌즈 세정액 안에는 붕사와 마찬가지로 가교결합을 할 수 있는 붕산 이온이 들어가 PVA 사슬 구조를 연결해주고, 피부에도 훨씬 덜 자극적이기 때문이다. 또한 리뉴는 슬라임의 점도를 결정하는 역할을 한다. 붕산이란, 붕사와 염산을 반응시켜 순도를 높인 물질로 붕사보다 산성을 나타낸다.

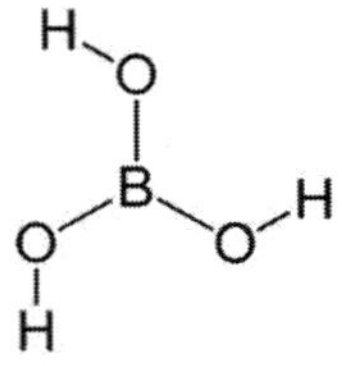

그림 10.4 붕산

10.2.3 베이킹소다(pH 조정제)

붕사 대신 약산성인 렌즈 세정액을 사용할 때는 약염기성인 베이킹소다를 함께 첨가해야 한다. 이유는 염기성 용액 상태에서 수산화기(OH)를 더 많이 내놓아 더 많은 붕산 이온과 쉽게 가교결합이 가능하기 때문이다.

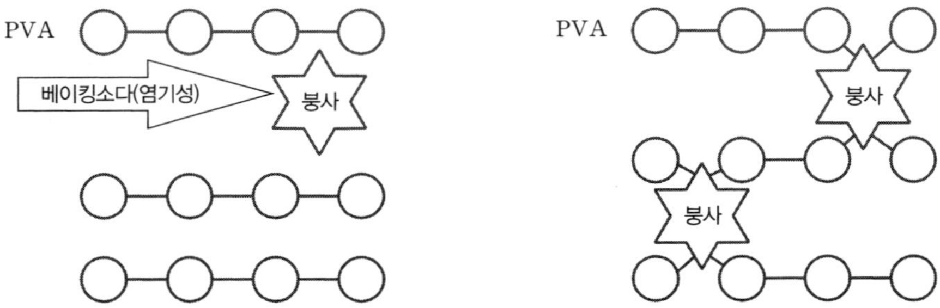

그림 10.5 베이킹소다

10.2.4 감온안료

감온안료를 사용하면 기준 온도에 도달함에 따라 색이 없어지기 시작했다가 기준 온도에 도달하면 투명해졌다가 다시 온도가 내려가면 원래의 색으로 돌아온다.

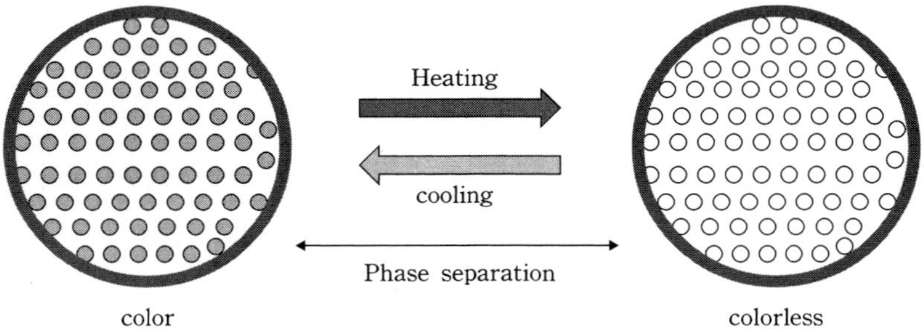

그림 10.6 감온안료

실험 10

색이 변하는 슬라임 만들기

[감광] [감온]

실험 목표

감광안료와 가교결합에 대해 알아보자.

감온안료에 대해 알아보자.

실험 방법

[감광 슬라임 만들기]

① 용기에 물풀을 부어준다.

② 베이킹소다를 넣고 잘 섞어준다.

③ 용기에 감광안료를 넣고 잘 섞어준다.

④ 렌즈세정액을 용기안에 넣은 후 잘 섞어준다. (양 조절 가능)

⑥ 뭉쳐지면 손으로 옮겨 반응이 잘되도록 늘리고 뭉치기를 반복한다.

⑥ 완성된 슬라임에 자외선 램프를 비추거나 햇볕을 쬐 색 변화를 관찰한다.

[감온 슬라임 만들기]

① 용기에 물을 부어준다.

② 베이킹소다를 넣고 잘 섞어준다.

③ 감온안료를 넣고 잘 섞어준다.

④ 색소를 넣고 잘 섞는다.

⑤ 렌즈세정액을 넣은 후 잘 섞는다. (양 조절 가능)

⑥ 뭉쳐지면 손으로 옮겨 반응이 잘되도록 늘리고 뭉치기를 반복한다.

⑦ 손바닥의 체온에 반응하여 달라지는 색 변화를 관찰한다.

실험보고서

학과 　　 학번 　　 이름 　　 일자 　　 실험조

10.1 물풀에는 어떠한 성분이 포함되어 있는가?

10.2 물풀과 렌즈 세정액의 어떠한 작용으로 인해 슬라임이 만들어지는지 쓰시오.

10.3 렌즈 세정액의 어떠한 성분이 슬라임의 점도를 결정하게 되는가?

10.4 베이킹소다를 첨가하는 이유는 무엇인가?

10.5 감온안료는 무엇인가?

심화학습

10.6 실생활에서 감온안료가 사용되는 제품을 찾아서 서로 토의해 보자.

EXPERIMENT

11 열변색 꿈틀이

11.1 배경지식 쌓기

11.1.1 열변색성

열변색성이란 온도 변화에 따라 물질의 색이 변하는 성질을 말한다.

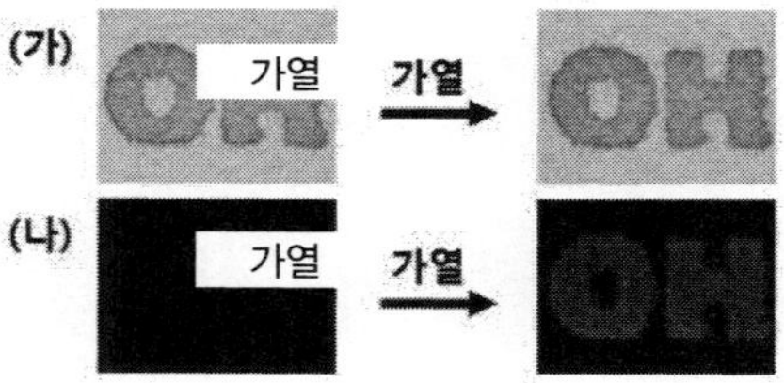

그림 11.1 열변색성

11.1.2 시온안료

시온안료는 온도에 따라 색상이 변하는 안료이다. 즉, 기준 온도에 도달하면 분자 형태가 바뀌면서, 가지고 있는 색깔이 투명해져서 색이 사라지고, 다시 온도가 돌아오면 원래의 색이 나타난다.

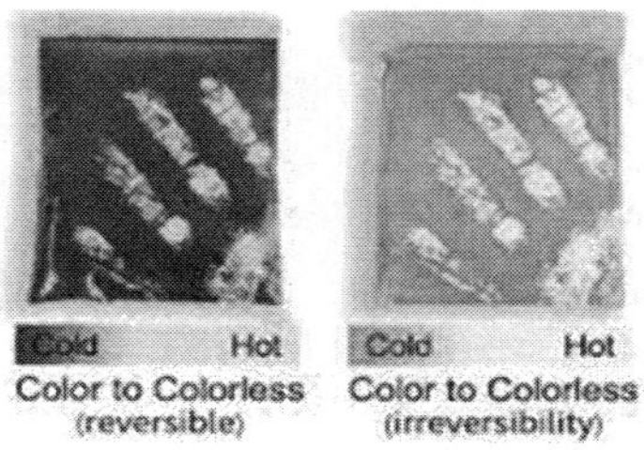

그림 11.2 시온안료

11.2 실험 재료 살펴보기

1) 장갑
2) 용기
3) 나무막대
4) 염화칼슘
5) 접시
6) 열변색 물감(시온물감)
7) 알긴산나트륨 용액
8) 종이컵
9) 따뜻한 물
10) 차가운 물

11.2.1 치환 반응

치환 반응은 특정 화합물의 작용기가 다른 작용기로 교체되는 반응이다. 예를 들어, 알긴산나트륨($(C_6H_8O_6)_nNa$)과 염화칼슘($CaCl_2$)이 반응하여 나트륨(Na)과 칼슘(Ca)이 치환되어 알긴산칼슘($(C_{12}H_{14}O_{12})_nCa$)이 만들어진다.

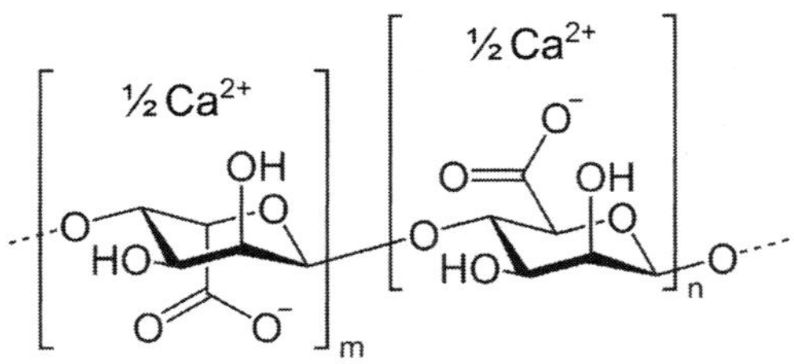

그림 11.3 알긴산칼슘

11.2.2 알긴산나트륨

알긴산나트륨은 다시마, 미역 등의 해초류로부터 추출된 다당류로식품의 점착성 및 점도를 증가시켜 물성 및 촉감을 향상시키는 식품 첨가물로 사용된다. 칼슘이 존재하면 겔화되고, 유제 또는 거품을 안정화시키고 필름을 형성시킨다.

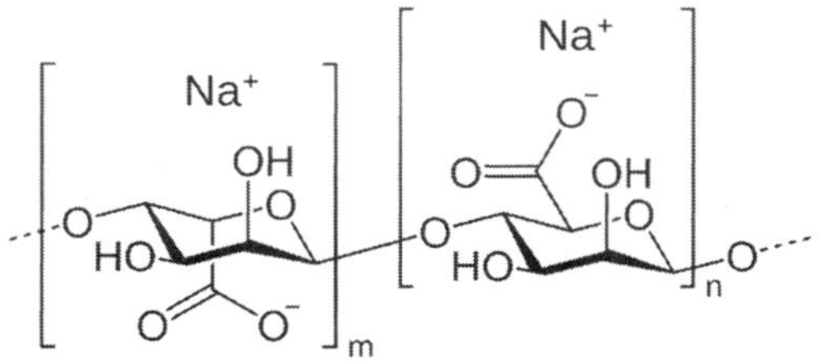

그림 11.4 알긴산나트륨

11.2.3 점성

점성은 형태가 변화할 때 나타나는 유체의 저항 또는 서로 붙어있는 부분이 떨어지지 않으려는 성질이다. 또한 유체 내부의 흐름을 평행한 얇은 층이라고 가정했을 때, 위층이 아래층을 당기는 힘의 정도를 점도라고 한다.

그림 11.5 점성

실험 11

열변색 꿈틀이 만들기

실험 목표

열변색의 원리에 대해 알아보자.

실험 방법

① 장갑을 끼고 용기의 2/3 정도 물을 담은 후, 염화칼슘을 넣고 나무막대로 저어준다.

② 알긴산나트륨용액에 열변색 물감을 넣고 흔들어준다.

③ 다른 알긴산나트륨용액에 다른 색의 열변색 물감을 넣고 흔들어준다.

④ 염화칼슘을 녹인 물에 알긴산나트륨 용액을 짜서 넣어준다.

⑤ 잠시 기다린 후 만들어진 꿈틀이를 건져 접시에 놓아준다.

⑥ 다른 색의 알긴산나트륨 용액도 똑같은 방법으로 해준다.

⑦ 차가운 물과 따뜻한 물을 종이컵에 준비한다.

⑧ 따뜻한 물에 넣어 색변화를 관찰한다.

⑨ 차가운 물에 넣어 색변화를 관찰한다.

실험보고서

학과 학번 이름 일자 실험조

11.1 시온 안료란 무엇인가?

11.2 치환 반응이란 무엇인가?

11.3 점성이란 무엇인가?

11.4 알긴산나트륨이란 무엇인가?

심화학습

11.5 실생활에서 알긴산나트륨이 사용되는 제품을 찾아서 서로 토의해 보자.

EXPERIMENT

12 스노우 볼

12.1 배경지식 쌓기

12.1.1 밀도

밀도는 단위 부피당 질량이라는 뜻으로 물질마다 고유한 값을 지닌다. 단위는 g/cm^3 또는 g/mL이고, 밀도는 질량을 부피로 나눈 값으로, 단위 부피당 질량이라고 할 수 있다. 물질의 상태에 따른 밀도 변화는 대부분의 물질은 물질의 상태가 고체(s) → 액체(l) → 기체(g)로 변하면 밀도가 감소한다. 예외로 물의 부피는 물(액체) 〈 얼음(고체) 〈 수증기(기체) 순이므로, 밀도는 물 〉 얼음 〉 수증기 순이다.

$$\text{밀도} = \frac{\text{질량}}{\text{부피}}$$

온도에 따른 밀도의 변화를 살펴보면, 고체와 액체는 온도가 높아지면 부피가 약간 증가하므로, 밀도는 약간 감소한다.(물은 예외) 기체의 경우는 온도가 높아지면 부피가 크게 증가하므로 밀도는 크게 감소한다. 압력에 따른 밀도의 변호를 살펴보면, 고체와 액체는 압력에 의해 부피 변화가 거의 없으므로, 밀도는 거의 영향을 받지 않는다. 그러나 기체의 경우는 압력이 커지면 부피가 크게 감소하므로 밀도는 크게 증가한다.

12.1.2 비중

비중은 어떤 물질이 가지고 있는 고유의 양(질량)과 이것과 같은 부피를 가진 기준물질과의 비율을 의미한다. 기체의 경우 온도와 압력에 따라 달라지며, 대부분의 경우 밀도와 같은 개념으로 생각해도 무방하다.

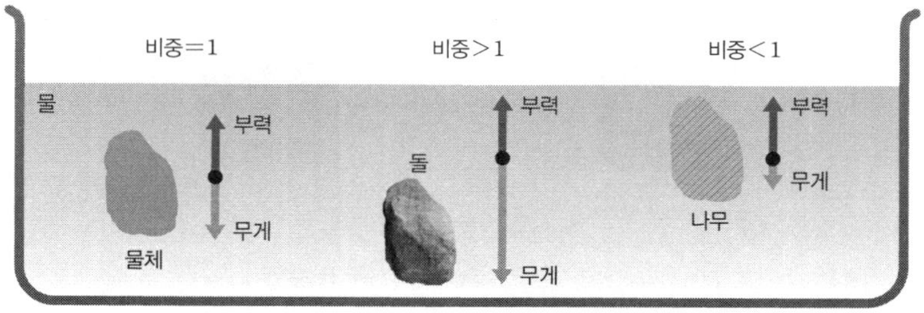

그림 12.1 비중

12.1.3 점도

점도는 유체의 끈적거림의 정도, 끈끈한 정도를 물리적 단위로 표현한 것이다. 일반적으로 점도의 단위는 Poise(P)를 사용한다. 1P의 단위가 너무 크기 때문에 실제로는 1/100을 의미하는 centi를 붙여 cP라는 단위를 사용한다. 점도의 종류에는 크게 절대점도와 동점도로 나뉜다. 절대점도는 점도의 절대적 수치를 뜻한다. 즉, 중력을 무시한 점도로 흘러내리는 유동적 상태에서 그 물질의 운동 방향에 거슬러 저항하는 끈끈한 정도를 절대적 크기로 나타낸다. 동점도는 중력을 고려한 점도로, 유동성의 여부, 액체 상태에서 어느 정도로 흘러가는가를 나타내는 상대적 지표이다. 따라서 동점도는 절대점도를 해당 유체의 밀도로 나눈 값으로 표현된다.

그림 12.2 점도

12.1.4 점도와 운동성과의 관계

수저로 점도가 높은 액체를 휘저으면 돌리기가 힘들다. 점도는 유량에 작용하는 저항으로 이 저항은 유체의 밀도에 따라 다르게 작용한다.

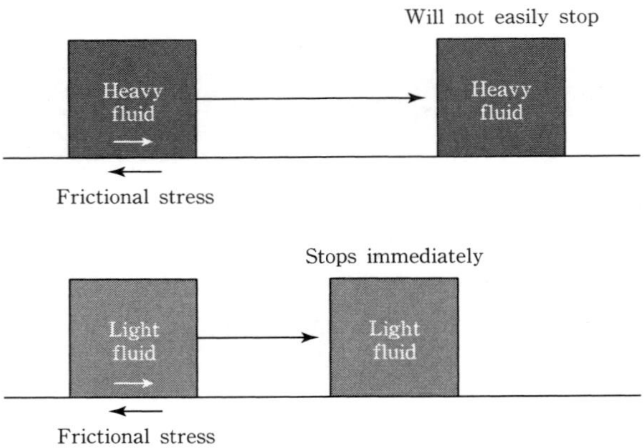

그림 12.3 점도와 운동성과의 관계

12.1.5 점도와 온도와의 관계

유체의 온도가 증가함에 따라 점도는 감소한다. 즉, 점성이 있는 물질은 높은 온도에 의해 점도가 감소한다.

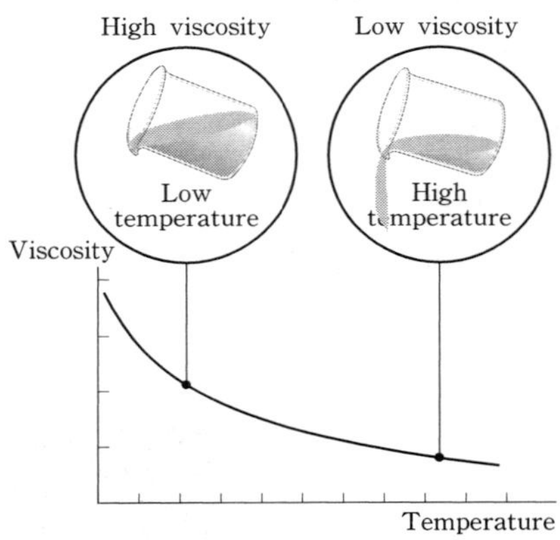

그림 12.4 온도와 점도 그래프

12.2 실험 재료 살펴보기

1) 종이컵
2) PVA가 포함된 물풀
3) 글리세린
4) 투명컵
5) 눈가루
6) 스노우 볼 용기
7) 스팽글
8) 피규어
9) 나무막대
10) 양면테이프

● 개인 준비물: 물

12.2.1 PVA가 포함된 물풀

폴리비닐알코올(PVA)은 수산기(–OH)가 붙은 구조가 무수히 반복된 고분자이다. 수산기가 있는 PVA는 고분자이지만, 물에 잘 녹는다. 그래서 화장품, 접착제, 필름 등에 널리 사용된다. 스노우 볼실험에서는 PVA가 포함되어있는 "물풀"을 사용한다.

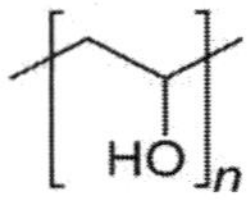

그림 12.5 PVA

12.2.2 글리세린

글리세롤(glycerol)은 글리세린(glycerin, glycerine)이라 부르는 무색, 무취 액체이며 점성이 매우 강한 특징이 있다. 글리세린은 3개의 수산기(OH)를 가진 3가 알코올로, 흡습성이 있으며 녹는점은 20℃, 끓는점은 290℃이다. 또한 담배나 화장품의 방건제, 방동제 · 인쇄용 잉크 등 많은 용도를 가진 중요한 물질이다. 오늘날에는 천연품 · 합성품이 거의 같은 분량을 차지하고 있다.

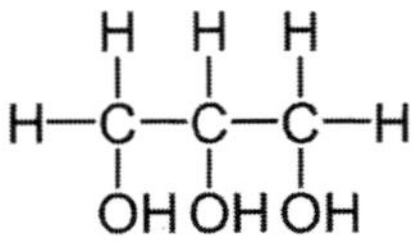

그림 12.6 글리세린

12.2.3 스팽글

무대 의상에 다는 번쩍거리는 장식으로, 금속이나 합성수지 등으로 만든다.

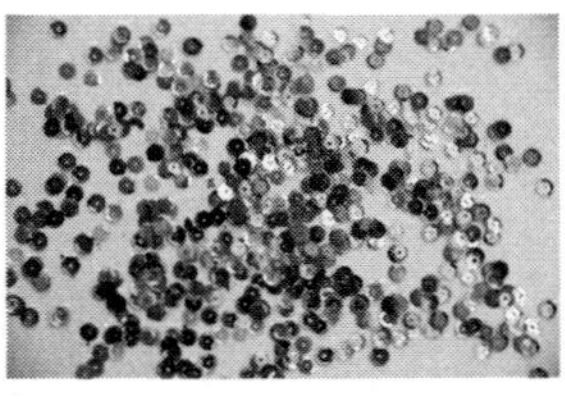

그림 12.7 스팽글

실험 12

스노우 볼 만들기

실험 목표

비중과 점도에 대해 알아보자.

실험 방법

① 종이컵의 2/3 정도의 물을 투명컵에 옮겨 담는다.

② ①에 물풀, 글리세린 순으로 재료를 넣으면서 잘 섞는다.

③ 양면테이프를 4~5바퀴로 돌려 감아 피규어에 붙이고, 뚜껑 중앙에 붙인다.

④ 종이컵에 불 용기를 올려놓고 눈가루와 스팽글을 넣는다.

⑤ 혼합된 액체를 용기 입구까지 채우고 뚜껑을 닫는다.

⑥ 완성된 스노우 볼을 흔든 후 관찰한다.

실험보고서

학과 학번 이름 일자 실험조

12.1 밀도란 무엇인가?

12.2 비중이란 무엇인가?

12.3 점도란 무엇인가?

심화학습

12.4 물의 밀도가 일반적인 물질의 밀도와 다른 이유에 대해서 서로 토의해 보자.

12.5 비중과 밀도의 차이에 대해서 서로 토의해 보자.

EXPERIMENT 13

눈으로 보는 소리

13.1 배경지식 쌓기

13.1.1 파동

파동은 어떤 한 곳의 에너지가 흔들림을 통해 다른 곳으로 전달되어 나가는 것을 의미한다. 파동은 횡파와 종파로 나뉘게 된다.

횡파는 매질의 진동 방향과 파동의 진행 방향이 서로 수직을 이루는 파동을 말한다. 반대로 종파는 매질의 진동 방향과 파동의 진행 방향이 서로 평행한 파동을 말한다.

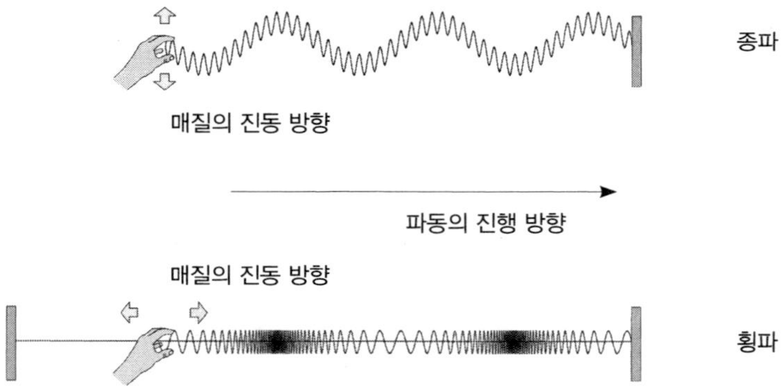

그림 13.1 횡파와 종파

13.1.2 매질

매질은 어떤 파동 또는 물리적 작용을 한 곳에서 다른 곳으로 옮겨 주는 매개물이다. 예를 들어, 소리의 매질은 일반적으로 공기(기체)이지만, 액체 또는 고체도 포함한다.

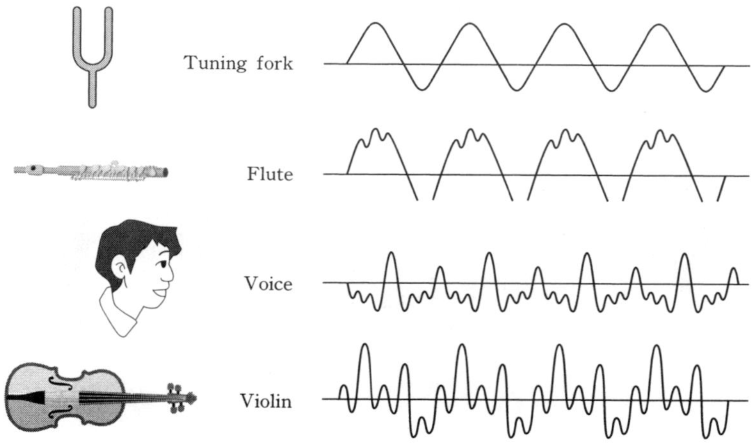

그림 13.2 매질

13.1.3 소리의 이동

공기의 흔들림을 소리라고 한다. 소리는 파동의 한 종류로, 곡이 연주될 때 악기에 의해 주위의 공기가 흔들리고, 이 흔들리는 공기의 에너지가 다시 주변 공기를 진동시키며 퍼져 나가 우리의 귀까지 전달된다.

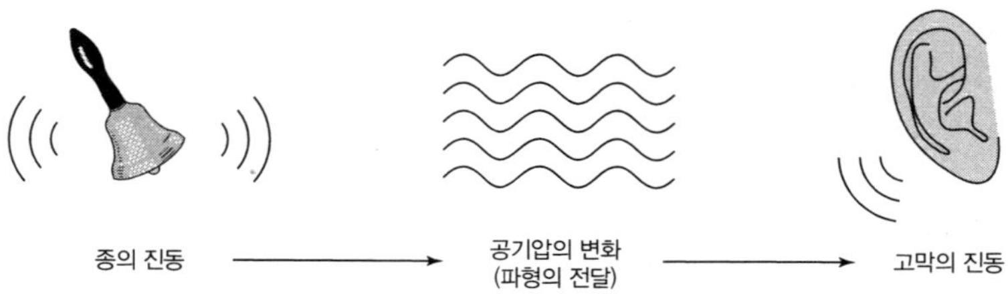

그림 13.3 소리의 이동

13.1.4 음파

음파는 공기나 물 등의 매질이 물체의 진동을 받아 생기는 파동을 의미한다. 음파의 진동수가 커지면 음높이는 높아지고, 소리의 크기가 크다. 반대로 음파의 진동수가 작아지면 음높이는 작아지고, 소리의 크기가 작다. 예로는 도플러 효과가 있다. 소리를 내는 음원이 관찰자에게 다가오면 소리의 주파수는 본래의 주파수보다 증가하여 고주파가 되며, 음원이 멀어지면 주파수는 감소하여 저주파가 된다.

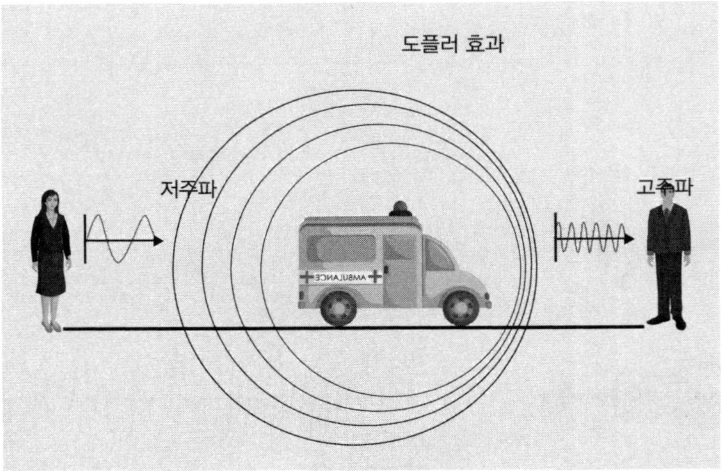

그림 13.4 도플러 효과

13.2 실험 재료 살펴보기

1) 양면테이프	2) EVA	3) 풍선
4) 거울지	5) 나무막대	6) 레이저 포인터
7) 투명컵	8) 각도조절 받침대	

● 개인 준비물: 가위

13.2.1 양면테이프

양면테이프의 구조는 '앞면 점착제', '기재', '뒷면 점착제', '이형지' 4–layer로 구성되어 있다. 기재는 점착제가 도포되어있는 물체, 점착제는 피착제를 점착시키는 반유동체 점탄성 물체, 이형지는 취급 및 저장 시 점착제를 보호하는 종이 또는 필름이다. LED 모듈에서 가장 많이 사용하는 양면테이프는 PE폼 테이프(백색)와 아크릴폼테이프(진회색)로, 다양한 형상 가공이 가능하고, 두꺼운 제품화로 거친 면에서 우수한 접착성능을 발휘한다. 또한 가벼운 압력에 의해서도 접착할 수 있다.

13.2.2 절연테이프

절연테이프는 간단히 정의하자면 면 전체가 절연체(전기나 열을 전달하기 어려운 성질)로 이루어진 전기 절연 테이프이다. 고무 25%, 석회 분말 65%로 구성되어있어 그 특성상 전선을 서로 엮은 후 노출된 부분, 피복이 손상된 부분 등에 감아 외부와 도체의 접촉을 차단할 때 주로 사용된다. 또한 그 자체가 절연체이므로 약간 떼어서 접착면끼리 맞대어 붙인 후 절연체가 필요한 곳에 삽입하는 식으로도 가끔 사용된다. 흔히 볼 수 있는 검정색 테이프가 바로 이것이다.

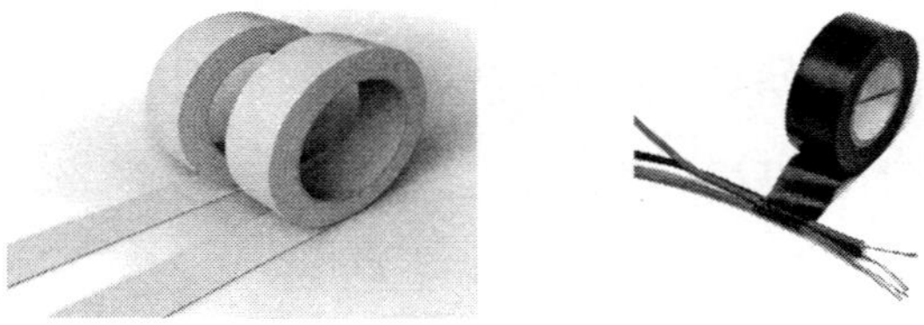

그림 13.5 양면테이프와 절연테이프

13.2.3 레이저 포인터

레이저 포인터(Laser Pointer)는 보통 우리가 프레젠테이션에 사용하는 물건으로 흔히 알려져 있다. 레이저 포인터의 출력값은 mW(밀리와트)로 표기하며 출력(mW)이 증가할수록 레이저 빔의 파괴력이 증가한다. 레이저 포인터도 가시광선을 이용하는 물건이므로 아주 당연하게 RGB 상의 불빛을 발생시키는 레이저 포인터가 있으며 그 중 빨간색과 초록색은 일반인들이 가장 쉽게 목격할 수 있는 색상으로 유명하다. 그 외에 다양한 불빛 색을 발생시키는 레이저 포인터도 있다. 가시광선뿐만 아니라 적외선 파장의 빛을 내는 레이저 포인터도 존재한다.

그림 13.6 레이저 포인터

실험 13

눈으로 보는 소리 만들기

실험 목표

파동에 대해 알아보자.

실험 방법

① 풍선의 둥근 부분의 중앙을 가위로 자른 후 투명컵의 입구에 씌운다.

② 양면테이프를 이용하여 나무막대 한쪽 끝에 EVA를 붙이고 그 위에 컵의 구멍 뚫린 부분이 밖으로 향하게 붙인다.

③ 나무막대 반대쪽 끝에 각도조절 받침대를 붙인다.

④ 레이저 포인터에 건전지를 넣고, 불빛이 나오는 부분이 풍선쪽으로 향하도록 각도조절 받침대 위에 붙인다.

⑤ 레이저 포인터의 불빛이 닿는 부분에 거울지를 붙인다.

⑥ 컵의 구멍에 입을 가까이해서 높고 낮은 소리를 내면서 레이저 포인터의 불빛이 거울지에 반사되어 벽에 생긴 변화를 관찰한다.

실험보고서

학과 학번 이름 일자 실험조

13.1 파동이란 무엇인가?

13.2 매질은 무엇인가?

13.3 진동수에 따라 소리의 무엇이 변하는가?

13.4 도플러 효과란 무엇인가?

심화학습

13.5 실생활에서 도플러 효과가 나타나는 것을 찾아서 서로 토의해 보자.

EXPERIMENT 14

공기 대포

14.1 배경지식 쌓기

14.1.1 공기

공기는 부피를 가지고 있고, 힘을 받으면 이동하는 물질로 지구를 둘러싼 기체를 말한다. 해수면의 건조한 공기는 대략 78%의 질소, 21%의 산소, 0.93%의 아르곤, 그리고 이산화탄소, 수증기 등으로 이루어져 있다. 공기의 이동은 힘과 압력을 받으면 공기의 이동속도와 이동거리가 증가한다.

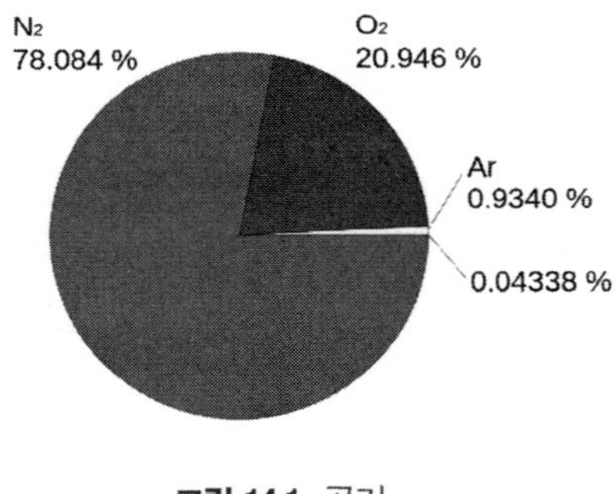

그림 14.1 공기

14.1.2 기체에 가하는 힘과 부피의 관계

공기를 포함한 기체에 가하는 힘이 크면 부피가 작아지고, 가하는 힘이 작으면 부피가 커진다. 따라서 기체에 가하는 힘과 기체의 부피는 반비례하게 된다.

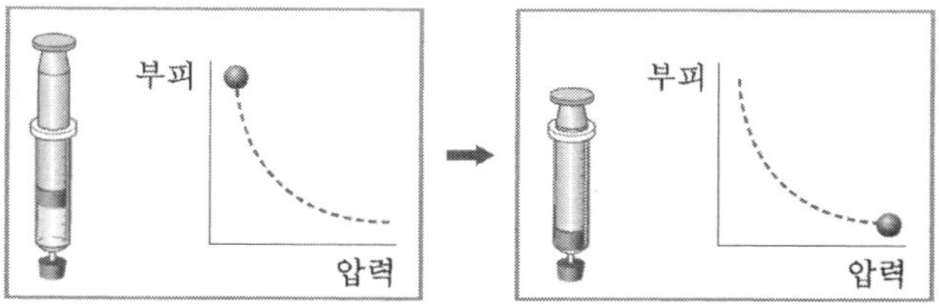

그림 14.2 기체에 작용하는 힘과 부피의 관계

14.1.3 와류 현상

와류 현상은 서로 다른 속도의 유체가 만났을 때 발생하는 소용돌이 흐름을 의미한다. 순간적으로 압축된 공기가 도넛 형태로 회전하면서 나아가기 때문에 강한 힘으로 멀리까지 이동하여 충격을 전달할 수 있다.

그림 14.3 와류 현상

14.1.4 액체에서의 와류 현상

유체가 방해물을 만났을 때 방해물 뒤의 유체는 방해물의 각 가장자리에 유체의 소용돌이를 만드는 빈 곳으로 흐르게 되며 이러한 현상을 액체에서의 와류 현상이라고 한다. 빠르게 흐르는 강물이 큰 바위를 만나게 되면 바위 뒤편에 물이 소용돌이치는 현상이 바로 이러한 이유이다.

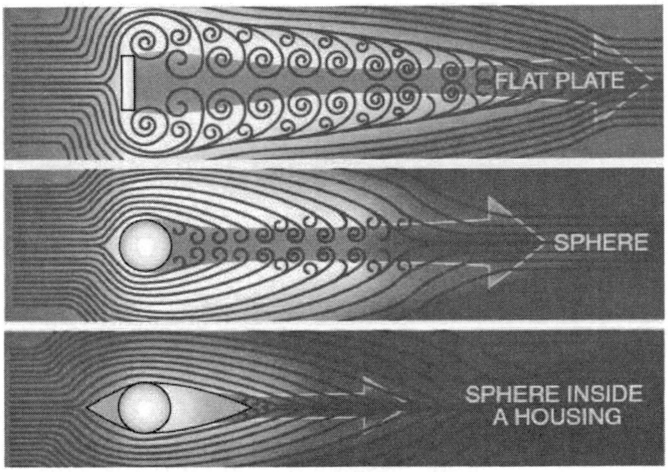

그림 14.4 액체에서의 와류 현상

14.1.5 기체에서의 와류 현상

비행기는 비행 중 날개 중심부로부터 아래쪽에서는 날개 외측으로 공기를 흐르게 하고 날개 끝 외측의 공기 흐름은 비행속도에 의해서 안쪽으로 말려 들면서 일련의 나선형으로 길게 뻗는 소용돌이 기류를 만들게 된다. 이러한 현상은 기체에서의 와류현상으로 볼 수 있다.

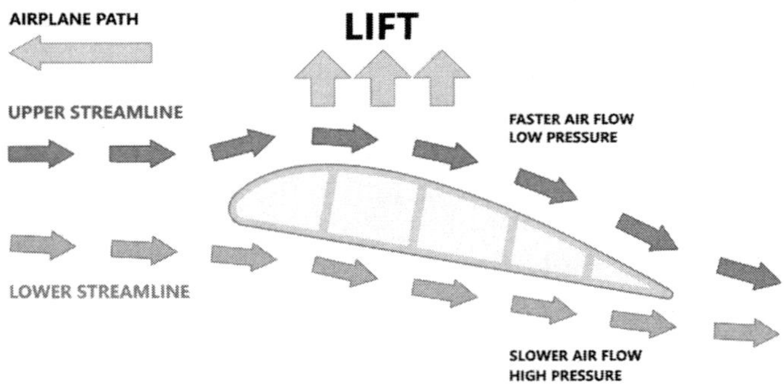

그림 14.5 기체에서의 와류 현상

14.2 실험 재료 살펴보기

1) 투명컵 2) 뚜껑 3) 풍선
4) 절연테이프 5) 티라이트 6) 향

● 개인 준비물: 점화기, 가위, 칼

14.2.1 공기 대포의 원리

풍선을 당기면 컵 안으로 공기가 들어가고, 당긴 풍선을 놓으면 컵 밖으로 공기가 나간다. 풍선을 당겼다가 놓았을 때, 공기의 흐름이 빨라지며 주변의 공기가 컵 안으로 말리면서 도넛 모양을 만들게 된다.

14.2.2 절연테이프

절연테이프는 간단히 정의하자면 면 전체가 절연체(전기나 열을 전달하기 어려운 성질)로 이루어진 전기 절연 테이프이다. 고무 25%, 석회 분말 65%로 구성되어있어 그 특성상 전선을 서로 엮은 후 노출된 부분, 피복이 손상된 부분 등에 감아 외부와 도체의 접촉을 차단할 때 주로 사용된다. 또한 그 자체가 절연체이므로 약간 떼어서 접착면끼리 맞대어 붙인 후 절연체가 필요한 곳에 삽입하는 식으로도 가끔 사용된다. 흔히 볼 수 있는 검정색 테이프가 바로 이것이다.

그림 14.6 절연테이프

실험 14

공기 대포 만들기

실험 목표

와류 현상에 대해 알아보자.

공기 대포를 만들어 보자.

실험 방법

① 투명컵 바닥면을 칼로 자른다.

② 가위로 풍선의 둥근 부분의 절반 정도를 자른다.

③ 투명컵의 잘라진 쪽에 풍선을 씌운 후, 절연테이프로 붙여 고정한다.

④ 풍선 입구를 묶는다.

⑤ 컵의 입구에 뚜껑을 닫는다.

⑥ 향을 피워 뚜껑의 구멍에 연기를 채운 후, 컵을 눌러 연기가 어떻게 나오는지 관찰한다.

⑦ 티라이트에 불을 붙이고 공기 대포를 발사하여 거리에 따른 변화를 관찰한다.

실험보고서

학과 학번 이름 일자 실험조

14.1 와류 현상은 무엇인가?

14.2 공기란 무엇인가?

14.3 기체에 가하는 힘과 부피와의 관계는 어떻게 되는가?

14.4 공기 대포의 원리는 무엇인가?

심화학습

14.5 실생활에서 와류 현상이 일어나는 것을 찾아서 서로 토의해 보자.

EXPERIMENT 15

친환경 물병(오호)

15.1 배경지식 쌓기

15.1.1 플라스틱

플라스틱(Plastic)의 어원은 그리스어의 '플라스티코스(Plastikos)'에서 유래하는데, 그 뜻은 'can be molded', 즉 성형할 수 있다는 것에서 유래했다.

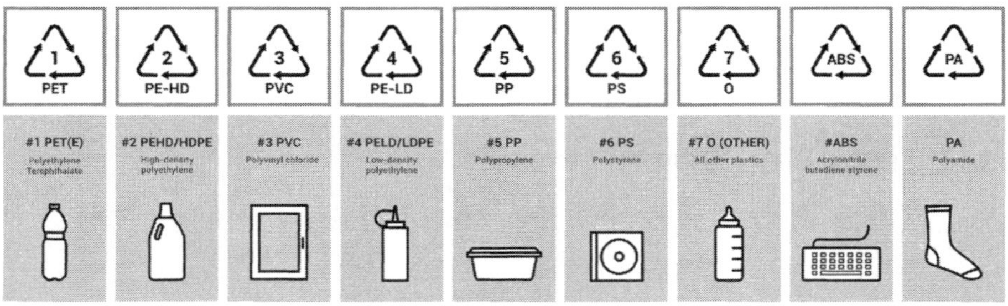

그림 15.1 플라스틱의 종류

15.1.2 미세플라스틱

미세플라스틱은 1㎛~5㎜ 이하 크기의 작은 플라스틱 조각을 의미한다. 전체 해양 플라스틱 오염의 30%가 미세플라스틱으로 분석되고 있다.

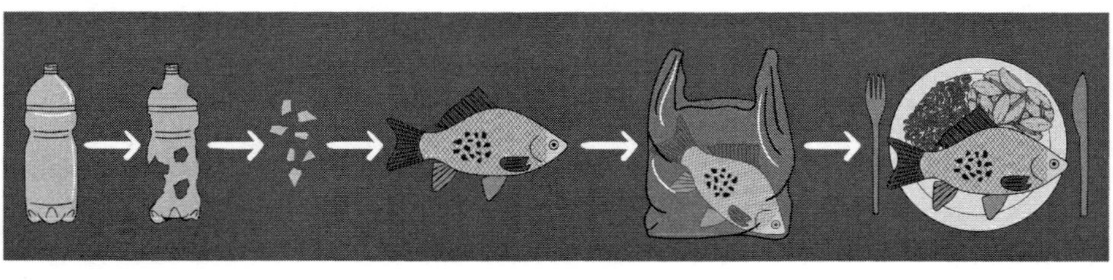

그림 15.2 미세플라스틱

15.1.3 치환반응

치환반응이란 분자 내 어떤 원자(치환기)가 다른 원자(치환기)로 치환되는 반응이다.

$$A-B+C \rightarrow A-C+B$$

치환 반응을 '반응시약'에 따라 다음과 같이 분류한다.

1) 친핵성시약의 공격에 의해 일어나는 치환을 친핵치환반응

2) 친전자성시약의 공격에 의해 일어나는 치환을 친전자치환반응

3) 라디칼에 의한 치환을 라디칼치환반응

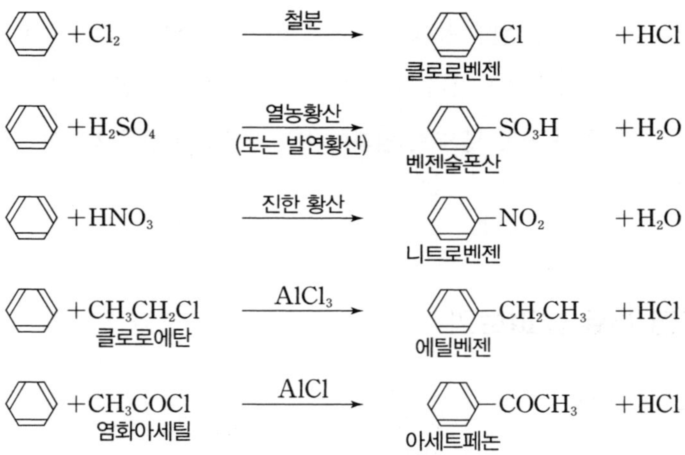

그림 15.3 친전자치환반응의 예

15.1.4 오호(먹을 수 있는 물병, Ooho)

오호란 알긴산나트륨(Na) 용액 1%를 칼슘(Ca) 용액 2%에 떨어뜨리면 개구리알처럼 알(캡슐)이 생기는데 이것을 오호라고 부른다. 식품 첨가물로 만든 오호의 막은 4~6주 후 자연 분해된다.

그림 15.4 오호(Ooho) (출처: www.oohowater.com)

15.1.5 오호의 원리

알긴산에 결합된 나트륨(Na)이 칼슘(Ca)으로 치환되면서 물에 녹지 않는 물질이 된다. 따라서 알긴산나트륨 용액을 칼슘 용액에 넣으면 알긴산–Na이 칼슘 용액(Ca)과 반응해서 알긴산–Ca으로 치환반응을 일으키게 된다. 즉, 알긴산수용액에 염화칼슘, 염화바륨, 황산알루미늄, 황산아연, 황산구리, 질산은, 염화철(Ⅲ), 아세트산납 등 2가 이상의 금속이온을 가하면 금속염으로 응고되는 원리이다.

15.2 실험 재료 살펴보기

1) 알긴산나트륨 용액
2) 젖산칼슘
3) 투명 용기
4) 뚜껑
5) 숟가락
6) 나무스틱

● 개인 준비물: 물

15.2.1 알긴산나트륨

알긴산나트륨은 해조류에서 추출한 알긴산과 나트륨을 합친 식품 첨가물이다. 아이스크림, 케첩, 마요네즈 등 다양한 제품에 사용된다. 또한 위 · 십이지장궤양, 미란성 위염, 위생검 출혈 시의 지혈, 속쓰림, 구역, 구토, 위통, 신트림 등의 위산과다 및 역류성 식도염의 자각증상 개선을 위한 의약품 등에 사용한다.

그림 15.5 알긴산나트륨이 함유된 의약품 (출처: 한국파마)

15.2.2 젖산칼슘

젖산칼슘은 유산균에서 추출한 젖산과 탄산칼슘을 합친 식품 첨가물이다. 젖산칼슘은 각 칼슘 양이온 Ca^{2+}에 대해 2개의 젖산 음이온 $H_3C(CH_2OH)CO^{2-}$로 구성된 화학식 $C_6H_{10}CaO_6$를 갖는 백색 결정질 염이다. 그것은 여러 수화물을 형성하며 가장 흔한 것은 오수화물 $C_6H_{10}CaO_6 \cdot 5H_2O$이다. 특히 칼슘 강화제로 많이 사용되고 있다.

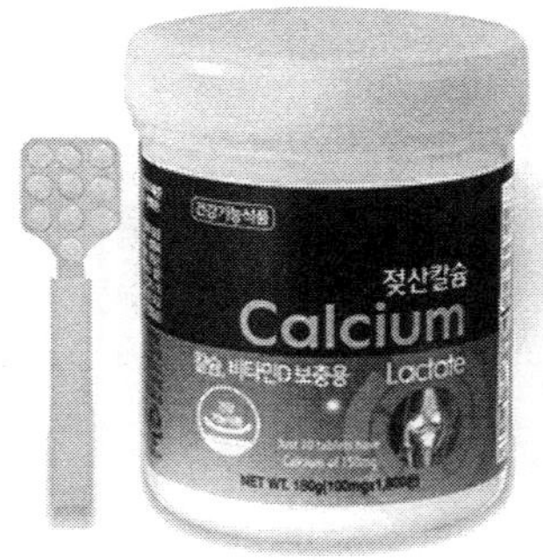

그림 15.6 젖산칼슘이 포함된 칼슘 강화제 (출처: APYLD)

실험 15

친환경 물병(오호) 만들기

실험 목표

치환반응에 대해 알아보자.

오호를 만들어 보자.

실험 방법

① 투명 용기에 3/4 정도의 물을 담고 젖산칼슘을 넣고 잘 녹여준다.

② 숟가락에 알긴산나트륨 용액을 짜서 물에 녹인 젖산칼슘 용액에 담그고 살살 흔든다.

③ 만들어진 오호를 건져 관찰한다.

실험보고서

학과 학번 이름 일자 실험조

15.1 미세플라스틱이란 무엇인가?

15.2 치환반응이란 무엇인가?

15.3 오호가 만들어지는 원리는 무엇인가?

심화학습

15.4 실생활에서 미세플라스틱을 저감시킬 수 있는 방법이 무엇이 있는지 찾아서 서로 토의해 보자.

15.5 실생활에서 젖산칼슘이 함유된 제품이 무엇이 있는지 조사해서 서로 토의해 보자.

EXPERIMENT

16 정전기 방지 스프레이

16.1 배경지식 쌓기

16.1.1 전류

전류는 전하의 흐름으로, 단위 시간 동안에 흐른 전하의 양으로 정의된다. 전하의 흐름은 전선과 같은 도체, 전해질의 특성을 갖는 이온, 플라스마 등에서 일어난다. 전류의 SI 단위는 암페어(A)로 1암페어는 1초당 1쿨롱의 전하가 흐르는 것을 뜻한다.

$$\text{전류의 세기} = \frac{\text{흐르는 전하량}}{\text{시간}}$$

16.1.2 정전기

정전기(Static electricity)는 "정지되어있는 전하"에 의해 일어나는 물리적 현상을 말한다. 물체끼리의 마찰로 생긴 "마찰 전기"도 여기에 속한다. 정전기는 물에 약하기 때문에 습도를 높여 주는 것으로 예방할 수 있다.

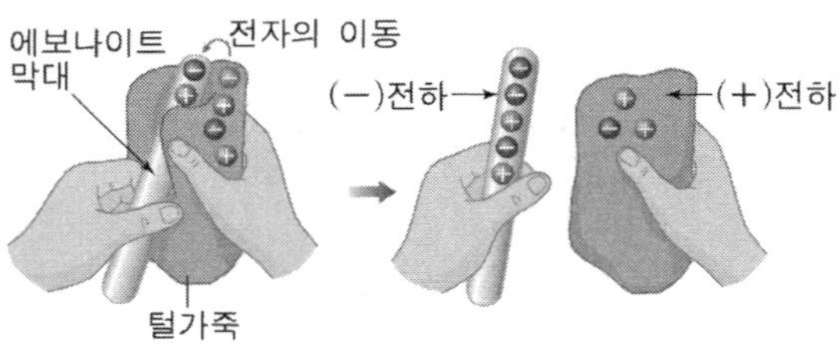

그림 16.1 정전기

16.1.3 마찰 전기

정전기는 보통 물체의 마찰로 인해 발생하기 때문에 마찰 전기라고도 한다. 종류가 다른 두 물체를 마찰시키면 전자가 한 물체에서 다른 물체로 이동하는데, 이때 전자를 잃은 물체는 (+)전하를 띠고 전자를 얻은 물체는 (−)전하를 나타낸다. 이때 물체가 전하를 띠는 현상을 대전이라 하며, 대전된 물체를 대전체라고 한다.

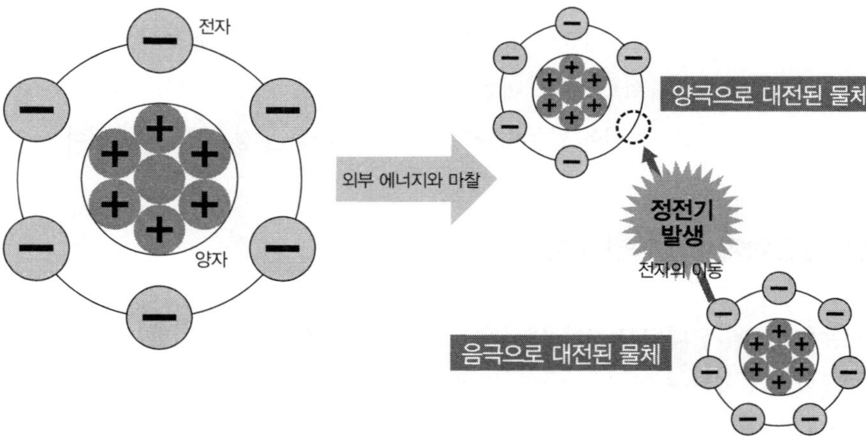

그림 16.2 마찰 전기

16.1.4 도체와 절연체

도체란 물체 내부에 자유 전자가 많아 전기가 잘 통하는 물질을 말한다. 예로는 구리, 철, 금, 은 등과 같은 금속이 있다. 반대로 절연체는 물체 내부에 자유 전자가 거의 없어 전기가 잘 통하지 않는 물질을 말한다. 예로서는 유리, 고무, 플라스틱 등이 있다.

16.1.5 도체에서의 정전기 유도

대전체와의 전기력에 의해 도체 내부의 전자가 이동하여 (+)전하와 (−)전하가 서로 분리되기 때문에 정전기가 일어난다. 도체에서 대전체와 가까운 쪽은 반대 종류의 전하가 유도되고, 반대로 먼 쪽은 같은 종류의 전하가 유도된다.

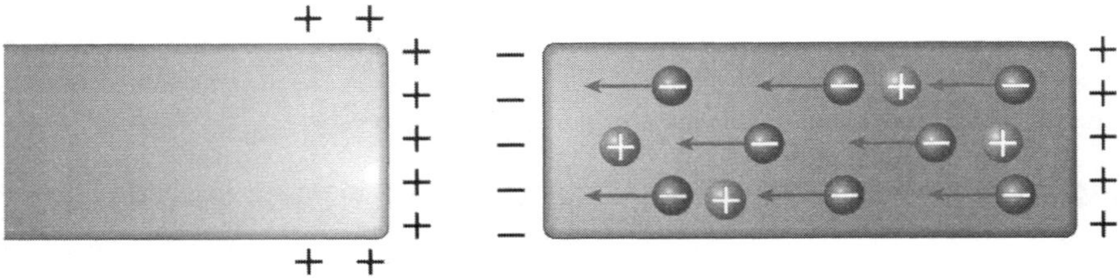

그림 16.3 도체에서의 정전기 유도

특히 도체에서는 전자들이 이동하여 도체의 양 끝이 전하를 띠게 된다. 도체에 유도된 (+)전하량과 (−)전하량은 서로 같다. 대전체를 치우면 자유 전자는 원래 상태로 되돌아 마찰을 감소시킨다. 예로는 볼펜에 알루미늄박 조각이 달라붙는 경우를 들 수 있다.

16.1.6 절연체에서의 정전기 유도

절연체에서는 원자 내의 전자가 대전체로부터 전기력을 받아 기존 위치에서 조금씩 벗어나 재배열되기 때문에 정전기가 일어난다. 이런 현상을 보통 유전 분극이라고 하는데, 절연체에서 대전체와 가까운 쪽은 반대 종류의 전하가 유도되고, 먼 쪽은 같은 종류의 전하가 유도된다.

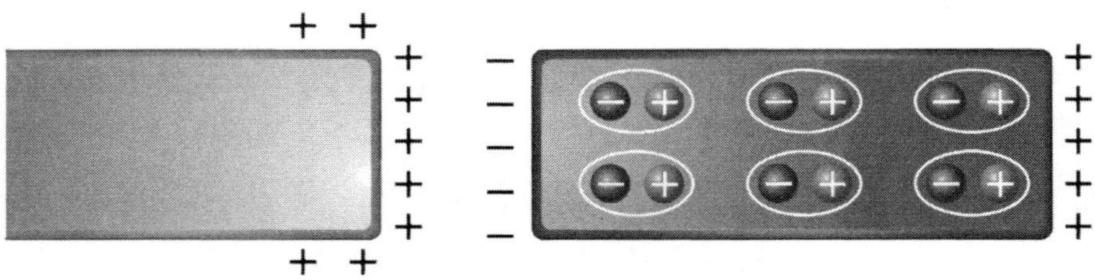

그림 16.4 절연체에서의 정전기 유도

절연체 내부의 전자들은 원자나 분자에 속박되어 있어 자유롭게 이동할 수 없으므로, 도체와 같이 전자의 이동에 의한 정전기 유도가 일어나지 않는다. 대전체를 치우면 유전 분극 이전의 상태로 되돌아가게 된다. 예로는 흐르는 물줄기에 대전체를 가까이 가져가면 물줄기가 대전체 쪽으로 끌려오는 현상 등을 들 수 있다.

16.2 실험 재료 살펴보기

1) 종이가루
2) 나무막대
3) 풍선
4) 스프레이 용기
5) 글리세린
6) 종이컵

●개인 준비물: 물, 마른 천

16.2.1 섬유유연제

섬유유연제는 빨래 시 세탁물의 알칼리를 중화시키는 세탁보조제를 말한다. 빨래를 마지막으로 헹굴 때 사용하고 대체로 향이 나며 약산성을 띈다.

그림 16.5 섬유유연제

실험 16

정전기 방지 스프레이 만들기

실험 목표

전류에 대해 알아보자.

정전기에 대해 알아보자.

정전기 방지 스프레이를 만들어 보자.

실험 방법

① 종이컵 3/4 정도의 물에 글리세린을 넣고 나무막대로 잘 섞는다.

② 혼합된 용액을 스프레이 용기에 옮겨 담고 뚜껑을 닫는다.

③ 종이가루를 책상에 퍼뜨린 후 풍선을 원하는 크기만큼 바람을 넣어준다.

④ 풍선을 머리카락에 마찰시킨 후, 종이가루 위로 가져가 움직임을 관찰한다.

⑤ 풍선에 정전기 방지 스프레이를 뿌린 후, 마른 천으로 닦아준다.

⑥ 풍선을 머리카락에 마찰시킨 후 종이가루 위로 가져가 움직임을 관찰해 본다.

실험보고서

학과 학번 이름 일자 실험조

16.1 정전기란 무엇인가?

16.2 물체 내부에 자유 전자가 거의 없어 전기가 잘 통하지 않는 물질은 무엇인가?

16.3 물체 내부에 자유 전자가 많아 전기가 잘 통하는 물질은 무엇인가?

16.4 빨래 시 세탁물의 알칼리를 중화시키는 세탁보조제로 사용하는 무엇인가?

심화학습

16.5 실생활에서 정전기를 방지하기 위한 방법들은 무엇이 있는지 조사해 보고 서로 토의해 보자.

EXPERIMENT 17

LED 탱탱볼

17.1 배경지식 쌓기

17.1.1 단량체

단량체(Monomer)란 고분자(Polymer)를 구성하는 기본적인 분자 개체이다. 즉, 고분자를 만드는 재료를 일컬으며 이들을 서로 연결하여 고분자로 만드는 반응을 중합이라고 한다.

17.1.2 올리고머

두 개의 단량체가 연결된 분자를 다이머(Dimer), 3개의 단량체가 연결된 분자를 트라이머(Trimer)와 같은 식으로 호칭하며, 수~수십 개의 단량체가 연결된 분자를 올리고머(Oligomer)라 부른다.

17.1.3 고분자

고분자는 일반적으로 분자량이 1만 이상인 큰 분자를 말한다. 고분자의 단량체 개수는 그 종류마다 상이하여 보편적인 정의는 없지만, 개략적으로 수백~수만 개의 단량체가 중합되어 이루어진다. 비교적 적은 개수의 단량체가 중합된 고분자를 저분자량이라 하고, 많은 개수의 단량체로 중합된 고분자를 고분자량이라 한다.

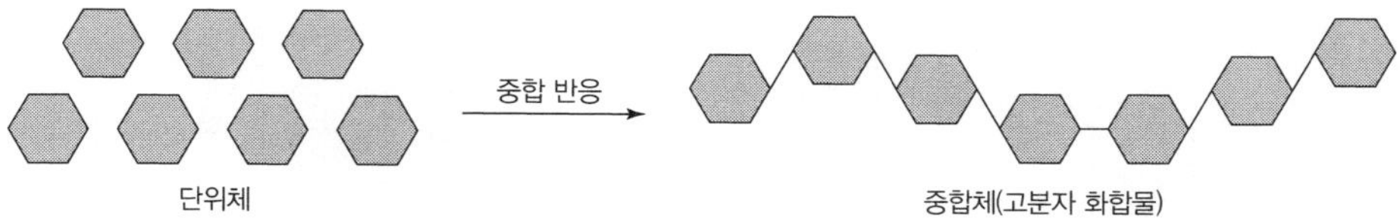

그림 17.1 고분자 화합물

17.1.4 가교결합

가교결합은 사슬 고분자를 화학적으로 재결합하여 3차원적인 그물구조의 분자로 만드는 결합이다. 물에 녹은 붕사 용액에 PVA를 첨가하면 붕사 입자가 PVA 분자의 사이에 끼어들어 분자 사이를 거대한 사슬로 연결시키기 때문에 덩어리가 진다.

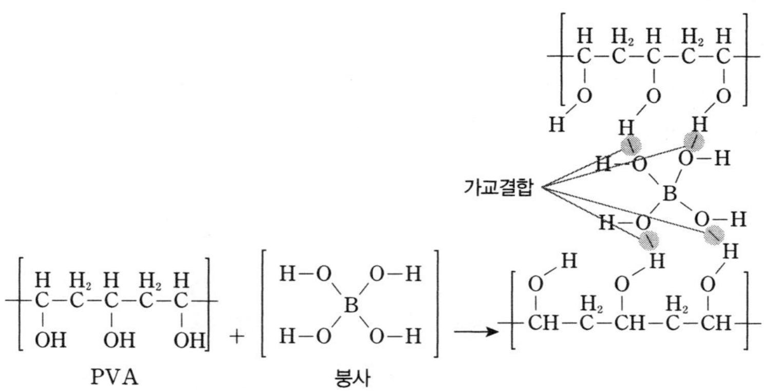

그림 17.2 가교결합의 예

17.1.5 탄성

탄성은 외부의 힘으로 변형을 일으킨 물체가 힘이 제거되었을 때 원래의 모양으로 되돌아가려는 성질을 말한다.

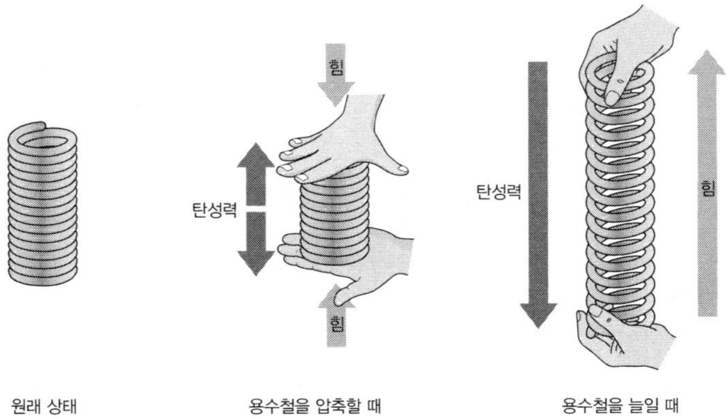

그림 17.3 탄성

17.1.6 작용과 반작용의 법칙

A 물체가 B 물체에 힘을 가하면 작용력(작용 법칙)이 발생하고 동시에 B 물체 역시 A 물체에 똑같은 크기의 힘을 가하는 것을 반작용 법칙이라 한다.

그림 17.4 작용과 반작용의 법칙

17.2 실험 재료 살펴보기

1) 탱탱볼 가루
2) 색소
3) 종이컵
4) 탱탱볼 전용 캡슐
5) LED 볼

● 개인 준비물: 물

실험 17

LED 탱탱볼 만들기

실험 목표

가교결합에 대해 알아보자.

작용과 반작용의 법칙에 대해 알아보자.

실험 방법

① 캡슐을 열어 안쪽에 LED 볼을 끼우고 닫는다.

② 탱탱볼 가루를 캡슐에 가득 채운다.

③ 종이컵에 물을 담고 색소를 넣는다.

④ 색소 물에 ②의 캡슐을 담그고, 캡슐 입구까지 충분히 물이 채워지면 볼을 건져 3분 정도 기다린다.

⑤ 캡슐을 열어 탱탱볼을 꺼내 책상에 굴려 동그란 모양으로 만든다.

⑥ 완성된 탱탱볼이 잘 튕기는지 확인한다.

실험보고서

학과 학번 이름 일자 실험조

17.1 탱탱볼 제조의 원리는 무엇인가?

17.2 고분자 물질이란 무엇인가?

17.3 탄성이란 무엇인가?

17.4 작용과 반작용에 대해서 설명하시오.

심화학습

17.5 실생활에서 작용과 반작용 현상이 일어나는 것을 조사해 보고 서로 토의해 보자.

EXPERIMENT

18 숯 손난로

18.1 배경지식 쌓기

18.1.1 발열 반응

발열 반응은 반응과정에서 열을 방출하는 반응을 말한다. 즉, 반응물의 에너지가 생성물의 에너지보다 높을 때 두 에너지의 차이만큼 열을 방출하는 화학 반응을 말한다.

18.1.2 흡열 반응

흡열 반응은 열에너지를 흡수하는 반응을 말한다. 즉 반응물의 에너지 보다 생성물의 에너지가 높을 때 주위에 있는 열을 흡수하면서 일어나는 화학 반응을 말한다.

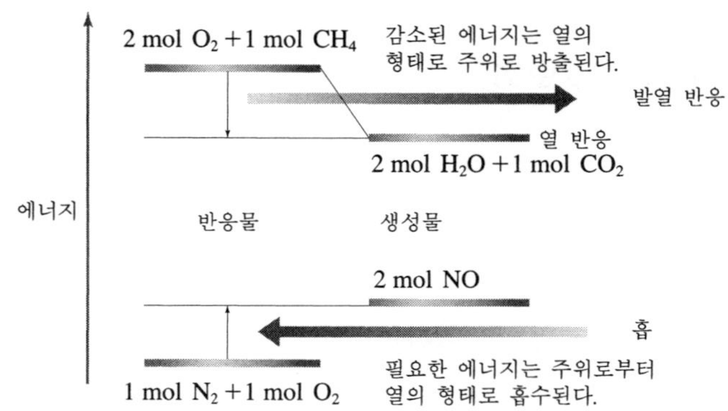

그림 18.1 발열 반응과 흡열 반응

18.1.3 산화

산화란 금속이 녹슬면서 금속 안에있는 전자를 잃는 현상을 말한다. 즉, 전자뿐만 아니라 산소, 수소의 입장에서도 산화, 환원에 대해 설명할 수 있다.

표 18.1 산화와 환원

환원제 역할			산화제 역할		
산화: 수소와 분리			환원: 수소와 결합		
산소와 결합	전자를 잃음	산화 수 증가	산소와 분리	전자를 잃음	산화 수 감소

산소의 입장에서 살펴보면 산화는 어떤 물질이 산소와 결합하는 반응이다. 예로는 연소 반응이나 철의 부식 반응을 들 수 있다. 반대로 환원은 어떤 물질이 산소를 잃는 경우이다. 예로는 철의 제련을 들 수 있다. 수소의 입장에서 살펴보면 산화는 어떤 물질이 수소를 잃는 경우를 말한다. 예로는 물의 전기분해를 들 수 있다. 반대로 환원은 어떤 물질이 수소와 결합하는 반응이다. 예로는 암모니아의 생성반응을 들 수 있다. 전자의 입장에서 살펴보면 산화는 어떤 물질이 전자를 잃는 경우이고, 반대로 환원은 어떤 물질이 전자를 얻는 경우이다.

18.2 실험 재료 살펴보기

1) 숯가루
2) 철가루
3) 보온재
4) 소금
5) 숟가락
6) 부직포
7) 종이컵

- 개인 준비물: 물, 열봉합기 또는 스템플러

18.2.1 숯 손난로 실험의 원리

철(Fe)가루가 부직포 틈을 통해 들어온 산소(O)를 만나면, 산화 반응이 일어나 부직포가 뜨거워져(발열 반응) 따뜻해진다.

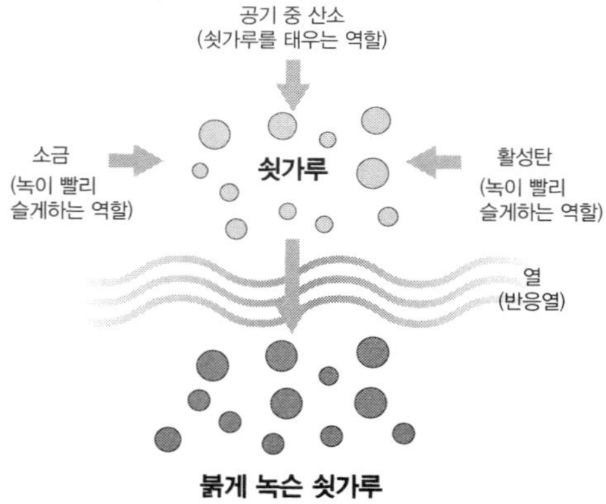

그림 18.2 산화 반응

18.2.2 촉매

촉매는 화학 반응에서 활성화 에너지를 낮추어 화학 반응이 빠르게 일어나게 한다.

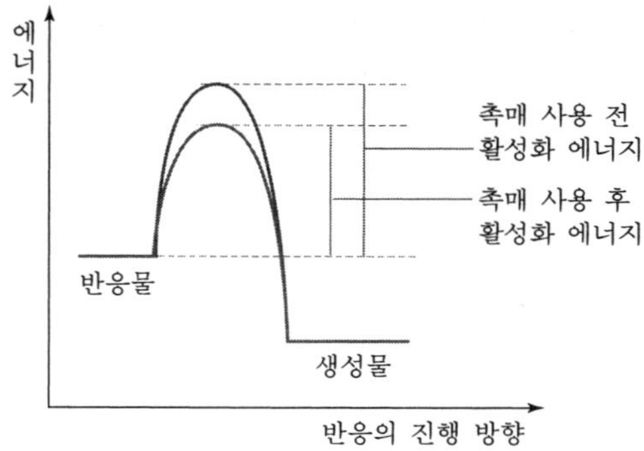

그림 18.3 촉매

8.2.3 부직포

부직포는 베틀에 짜지 않고 섬유를 적당히 배열하여 접착제나 섬유 자체의 융착력을 이용하여 접합시킨 시트 모양의 천을 말한다.

그림 18.4 부직

실험 18

숯 손난로 만들기

실험 목표

발열 반응에 대해 알아보자

산화 반응에 대해 알아보자

실험 방법

① 철가루, 숯가루 및 소금 한 스푼과 보온재 두 스푼을 종이컵에 넣고 잘 섞어준다.

② 종이컵에 담긴 재료를 부직포 안에 부은 후, 물 한 스푼을 넣어준다.

③ 열봉합기를 이용하여 부직포를 밀봉한다. (또는 입구를 2~3번 접은 후 스템플러로 밀봉한다.)

④ 완성된 손난로를 흔들어 발열 여부를 확인하여 사용한다.

실험보고서

학과 학번 이름 일자 실험조

18.1 발열 반응이란 무엇인가?

18.2 산화 반응의 정의 3가지를 설명하시오.

18.3 촉매의 역할은 무엇인가?

18.4 숯 손난로의 제조 원리는 무엇인가?

심화학습

18.5 실생활에서 산화환원 반응이 일어나는 것을 조사해 보고 서로 토의해 보자.

18.6 실생활에서 발열 반응과 흡열 반응이 일어나는 것을 조사해 보고 서로 토의해 보자.

EXPERIMENT 19

향기 펜

19.1 배경지식 쌓기

19.1.1 모세관 현상

모세관 현상은 머리카락처럼 가느다란 관을 액체 속에 세웠을 때 액체가 관을 따라 올라가거나 내려오는 현상을 말한다. 액체가 관에 붙으려는 힘이 액체끼리 붙어 있으려는 힘보다 강하면 액체는 관 속으로 빨려 들어가게 된다. 반면 액체끼리 붙으려는 힘이 더 강하면 액체는 관 밖으로 밀려 나가게 된다. 관이 가늘수록 이러한 성질은 더욱 강해진다.

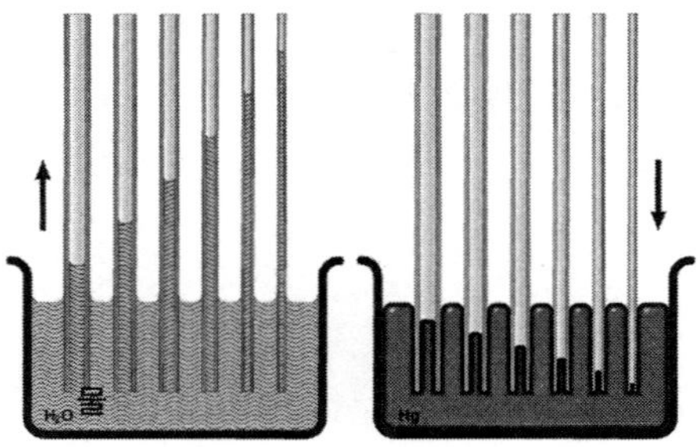

그림 19.1 물과 수은의 모세관 현상

19.1.2 표면장력

액체의 표면은 응집으로 인해 서로 당기는 힘이 발생하는데 이를 표면장력(surface tension)이라 한다. 분자 사이에 작용하는 힘에 따라 분자가 서로 접촉하여 응축하려고 하며, 이 결과 표면적이 적은 원모양이 되려고 한다. 물방울이나 비눗방울이 둥글게 되는 것도 이 원리에 따른 것이라고 할 수 있다.

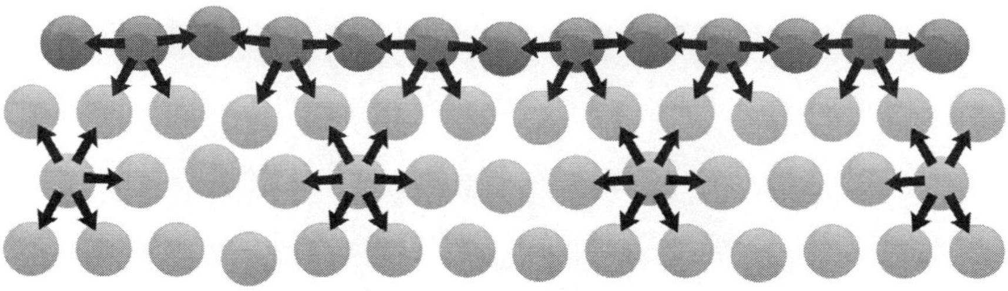

그림 19.2 표면장력에 의한 분자의 힘

19.2 실험 재료 살펴보기

1) 바디(몸통)
2) 필터
3) 허브 추출물
4) 캡(뚜껑)
5) 테일(윗 뚜껑)
6) 닙(펜촉)

19.2.1 천연물이란?

천연물은 살아 있는 유기체인 생물(동물, 식물, 미생물)에 의해 생성되는, 즉 자연계에서 발견되는 화합물 또는 대사산물의 총칭이다. 천연물은 때로는 질병 치료에 효과적인 약리적 활성 성분을 가지고 있으며, 많은 전통 의약품의 주요 성분이다. 또한, 효능 및 안정성이 입증된 천연물을 의학적 선별검사(screening)를 통해 합성하고 화학구조가 유사한 유사체를 제조할 수 있다.

19.2.2 허브

허브는 풍미가 있거나 향이 나는 식물로, 음식의 맛을 내기 위해 조미료로 사용되거나 요리에 고명을 얹는 용도로 사용한다. 또한 의약용이나 향수로 쓰이고 차로 마신다.

그림 19.3 허브

19.2.3 아로마테라피

아로마테라피는 건강증진, 질병 예방, 미용 등을 목적으로 허브에서 추출한 에센셜 오일(방향유)을 이용하는 자연 치료법을 말하며, 대표적으로 로즈마리, 페퍼민트, 라벤더, 스피아민트 등이 활용된다. 로즈마리는 항산화 성분이 풍부하고, 뇌세포 대사기능을 촉진하여 학습 능력을 향상시키고 기억력 감퇴를 예방하는 효과가 있다. 라벤더는 항균 작용이 높으며, 진정 작용, 진통과 두통 해소에 효과가 높다.

그림 19.4 로즈마리(좌)와 라벤더(우)

실험 19

향기 펜 만들기

실험 목표

모세관 현상의 원리를 알아본다.

허브를 활용하여 향기펜을 만들어 본다.

실험 방법

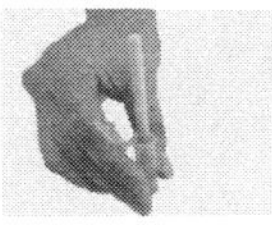

① 허브 추출물을 필터에 모두 흡수될 동안 담가둔다.
*허브 추출물(로즈마리, 페퍼민트, 라벤더, 스피아민트, 시트로넬라 등)

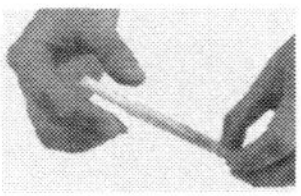

② 필터를 바디(몸통)에 넣고 테일(윗 뚜껑)을 닫아준다.

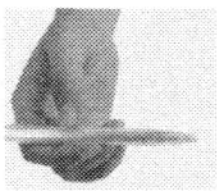

③ 바디(몸통)에 닙(펜촉)을 끼워 펜을 만든다.
*닙(펜촉)을 끼울 때는 뾰족한 부분을 바디에 넣는다.

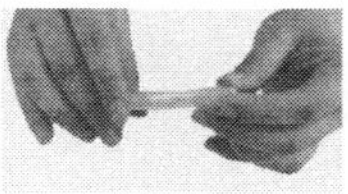

④ 바디(몸통)에 캡(뚜껑)을 끼운다.

⑤ 종이에 글씨를 써 보고 향기를 맡아본다.

주의 사항

바디에 닙의 뾰족한 부분을 끼울 때 피부에 찔리지 않도록 주의한다.

실험보고서

학과 학번 이름 일자 실험조

19.1 모세관 현상이란 무엇인가?

19.2 표면장력이란 무엇인가?

19.3 천연물은 무엇의 총칭인가?

심화학습

19.4 실생활에서 모세관 현상이 적용된 사례를 설명해 보자.

19.5 실생활에서 허브의 활용 사례를 설명해 보자.

EXPERIMENT 20

커피 펜

20.1 배경지식 쌓기

20.1.1 확산

확산은 액체나 기체에 다른 물질이 섞이고, 그것이 조금씩 번져가다가 마지막에는 일률적인 농도로 바뀌는 현상이다. 향수 냄새나 음식 냄새는 냄새가 발생한 지점에서 어느 정도 멀리 떨어진 곳에서도 맡을 수 있다. 설탕을 녹인 물을 마시면 어느 부분을 마시든 똑같이 단맛이 난다. 물에 잉크를 한 방울 떨어뜨리면 잉크가 주변으로 퍼져나간다. 이런 현상을 '확산'이라고 한다. 확산 속도는 분자의 질량이 작을수록, 온도가 높을수록 빨라진다. 기체만큼 빠르지는 않으나 확산은 액체에서도 볼 수 있으며, 또 극히 느리기는 하지만 고체에서 일어나기도 한다.

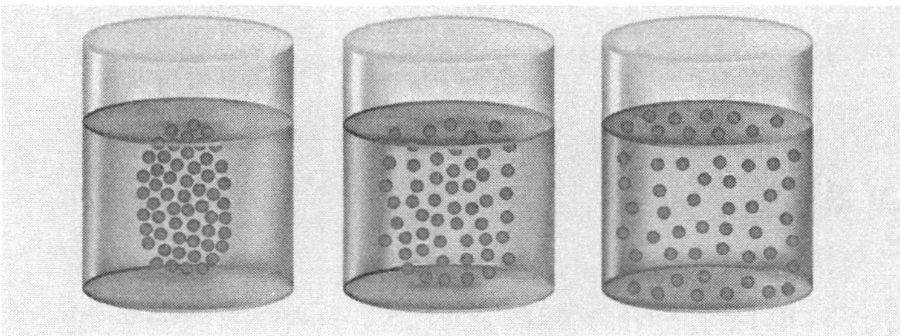

그림 20.1 확산

20.1.2 그레이엄의 법칙

이질(異質)인 물질 사이에 확산이 저절로 일어나는 것은 물질분자가 끊임없이 운동하고 있기 때문이며, 그 기구는 열이 고온 부에서 저온 부로 이동하여, 드디어는 전체 온도가 균일하게 되는 것과 비슷하다. 다만 열의 이동에 지속이 있는 것처럼 확산의 크기도 종류에 따라 차가 있는데, 용매의 점성이 작을수록, 또 농도 차가 클수록 확산하기 쉽다. 그뿐만 아니라 분자운동이 활발한 기체는 액체보다도 확산 속도가 크다. 또 기체나 액체의 확산 속도는 물질의 분자량의 제곱근에 반비례한다는 법칙이 알려져 있다. 이것을 그레이엄의 법칙이라고 한다.

$$\frac{\text{Effusion}}{\text{Effusion}} = \sqrt{\frac{M_B}{M_A}}$$

M_A : A 분자의 분자량, M_B : B 분자의 분자량

20.2 실험 재료 살펴보기

1) 바디(몸통)
2) 필터
3) 커피 추출물
4) 캡(뚜껑)
5) 테일(윗 뚜껑)
6) 닙(펜촉)

20.2.1 커피의 효능

커피는 기분전환과 스트레스 해소에 도움을 주며, 뇌의 혈액량을 증가시키고 뇌파의 진동을 변화시켜 집중력을 높여 준다. 또한 냄새를 제거하는 효과가 있는 것으로 알려져 있다.

20.2.2 커피 추출물

커피 추출물은 커피나무(Coffee) Coffea arabica의 콩(씨)에서 추출한 것이다. 주로 착향제나 피부 컨디셔닝제 등에 사용된다.

그림 20.2 커피와 커피 추출물

실험 20

커피 펜 만들기

실험 목표

확산에 대해 알아보자.

커피 추출물을 활용하여 커피 펜을 만들어 본다.

실험 방법

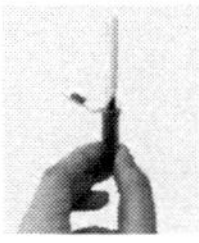

① 커피 추출물을 필터에 모두 흡수될 동안 담가둔다.

② 필터를 바디(몸통)에 넣고 테일(윗 뚜껑)을 닫는다.

③ 바디(몸통)에 닙(펜촉)을 끼워 펜을 만든다.
※ 닙(펜촉)을 끼울 때는 뾰족한 부분을 바디에 넣는다.

④ 바디(몸통)에 캡(뚜껑)을 끼운다.

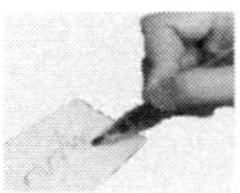

⑤ 종이에 글씨를 써 보고 향기를 맡아본다.

주의 사항

바디에 닙의 뾰족한 부분을 끼울 때 피부에 찔리지 않도록 주의한다.

실험보고서

학과 학번 이름 일자 실험조

20.1 확산이란 무엇인가?

20.2 확산 속도에 영향을 미치는 것은 무엇인가?

20.3 그레이엄의 법칙에 대해서 설명하시오.

심화학습

20.4 '확산'의 다른 예시에 대해 조사해 보자.

20.5 열역학 제2법칙에 대해서 조사해 보고, 확산 현상을 열역학 제2법칙으로 설명해 보자.

EXPERIMENT

21 크로마토그래피 사인펜

21.1 배경지식 쌓기

21.1.1 크로마토그래피

'크로마토그래피'는 색깔을 의미하는 그리스어 '크로마'와 기록한다는 뜻의 '그래프'를 합쳐서 만든 말로, 혼합물 속의 각 성분이 이동상과 정지상에 분배되는 정도의 차이를 이용하여 물질을 분리하는 기술이다. 크로마토그래피를 이용하면 용매에 녹은 성분 물질들이 미세한 틈이 있는 고체 사이를 통과할 때 각각의 성분 물질이 이동하는 거리가 달라지는 현상을 이용하여 혼합물에 포함된 물질을 구별할 수 있다.

21.1.2 크로마토그래피의 원리

크로마토그래피는 혼합물을 구성하고 있는 매우 유사한 성분들을 분리할 수 있는 중요한 분리법이다. 시료는 이동상에 의해 이동하는데, 이런 이동상은 관 속에 또는 고체 판 위에 고정되어있는 용해되지 않는 정지상을 통해 지나간다. 두 상은 시료 성분들이 이동상과 정지상 사이에서 분배 정도가 달라지도록 선택한다. 시료 성분 중에 정지상에 세게 붙잡히는 성분은 이동상의 흐름에 따라 천천히 움직이는 한편 정지상에 약하게 붙잡히는 성분은 빠르게 운반된다. 이동속도의 이러한 차이 때문에 시료 성분들은 정성적으로, 정량적으로 분석할 수 있는 불연속적인 띠로 분리된다.

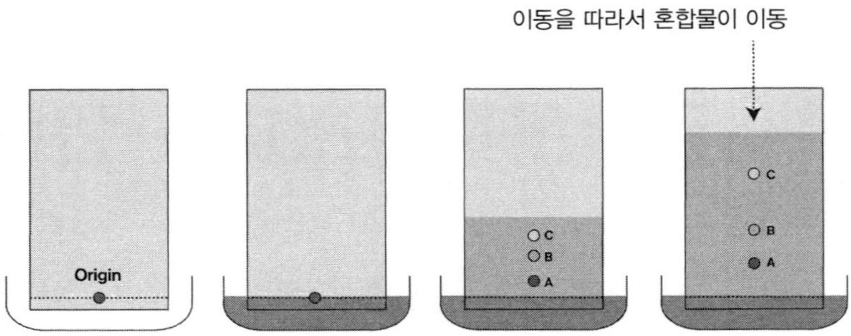

그림 21.1 크로마그래피의 원리

21.1.3 평면 크로마토그래피

평면 크로마토그래피(Planar Chromatography)는 정지상이 평면으로 존재하는 크로마토그래피 기법을 의미한다. 평면 정지상으로는 종이가 될 수도 있고(종이 크로마토그래피), 유리판이 될 수도 있다(TLC 크로마토그래피). 혼합물 속의 각 성분은 그들이 정지상과 얼마나 세게 결합하느냐에 따라 정지상에서의 이동속도 차이가 나타나게 되고, 이는 분리의 원동력이 된다. 물질의 고유한 Rf값을 판단함으로써 미지의 물질을 인식할 수 있다.

그림 21.2 TLC 크로마토그래피

21.1.4 Rf값

Rf값이란 크로마토그래피 실험에 있어서 시료의 이동 거리와 전개 용매의 이동 거리의 비를 말한다. 종이 크로마토그래피 등에서는 용매의 이동에 의한 용매 선단(solvent front)과 시료 점적(spot) 원점으로부터의 이동 거리와의 비이며 표준적 조건하에서는 특정물질의 Rf값은 일정한 값을 갖는다.

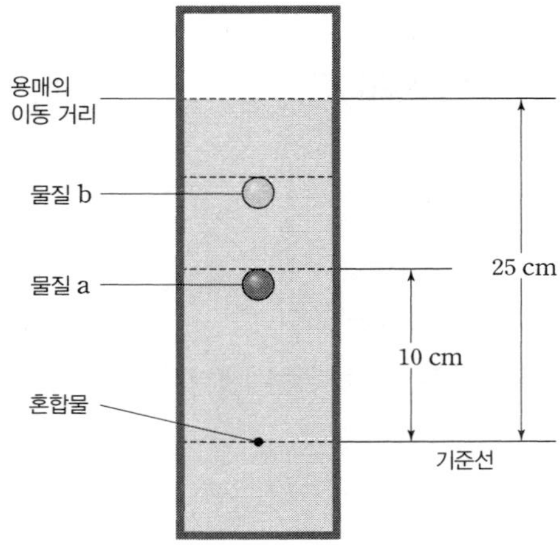

그림 21.3 Rf값

21.2 실험 재료 살펴보기

1) 크로마토 잉크　2) 필터　3) 바디(몸통)　4) 캡(뚜껑)

5) 테일(윗 뚜껑)　6) 닙(펜촉)　7) 종이　8) 스포이트

● 개인 준비물: 물 또는 분무기

21.2.1 크로마토그래피 실험

① 수성 사인펜, 거름종이, 물, 컵을 준비한다.

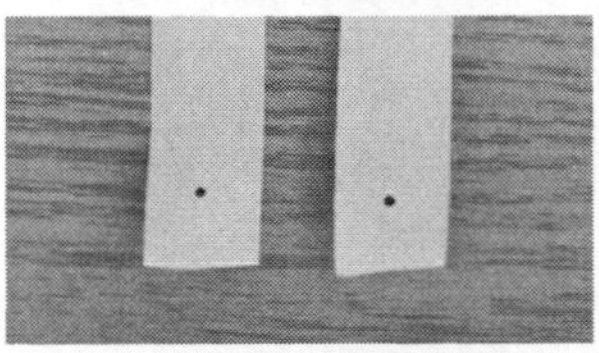

② 길게 자른 거름종이의 아랫부분에 색깔이 다른 2개의 사인펜으로 점을 하나씩 찍어 준다.

③ 거름종이를 물이 담긴 컵에 담가 두고 색소가 분리되는 현상을 관찰한다.

※ 사인펜이 찍힌 부분이 물에 닿지 말아야 한다.

실험 21

크로마토그래피 사인펜 만들기

실험 목표

크로마토그래피의 원리에 대해 알아본다.

크로마토그래피 사인펜을 만들고, 크로마토그래피 실험을 한다.

실험 방법

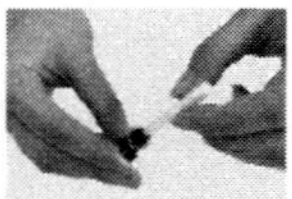

① 크로마토 잉크를 필터에 모두 흡수될 동안 담가둔다.

② 잉크가 다 채워지면 필터를 바디(몸통)에 넣는다.

③ 바디(몸통)에 테일(윗뚜껑)을 키운다.

④ 바디(몸통)에 닙(펜촉)을 끼워 펜을 만든다.
※ 닙(펜촉)을 끼울 때는 뾰족한 부분을 바디에 넣는다.

⑤ 캡(뚜껑)을 닫아 완성해 준다.

⑥ 펜으로 그림을 그린 후 물을 뿌려 다양한 작품을 만든다.

실험보고서

학과 학번 이름 일자 실험조

21.1 크로마토그래피란 무엇인가?

21.2 크로마토그래피의 원리는 무엇인가?

21.3 종이 크로마토그래피와 TLC 크로마토그래피의 차이점은 무엇인가?

심화학습

21.4 크로마토그래피로 혼합물을 분리할 때 장점은 무엇인가?

21.5 크로마토그래피가 활용된 사례를 조사해 보자.

EXPERIMENT 22

비밀 펜

22.1 배경지식 쌓기

22.1.1 중화 반응

산과 염기가 반응하여 중성의 용액이 되는 것을 중화라고 한다. 산의 수소 이온(H^+)과 염기의 수산화 이온(OH^-)이 결합하면 물이 되는데, 중화가 되려면 같은 양의 산과 염기가 섞여야 한다. 수소 이온과 수산화 이온의 중화 반응은 다음과 같이 나타낸다.

$$H^+ + OH^- \rightarrow H_2O$$

염산과 수산화나트륨은 물속에서 다음과 같이 이온화되는데 염산의 수소 이온과 수산화나트륨의 수산화 이온이 결합하여 물이 된다.

$$HCl \rightarrow H^+ + Cl^-$$
$$NaOH \rightarrow Na^+ + OH^-$$
$$Cl^- + H^+ + OH^- + Na^+ \rightarrow H_2O + Cl^- + Na^+$$

즉, 염산에 수산화나트륨 수용액을 조금씩 넣으면 염산이 가지고 있던 수소 이온은 물로 변하여 없어져 버린다. 이처럼 산과 염기가 서로 반응하여 서로의 성질을 잃는 반응을 중화 반응이라고 한다.

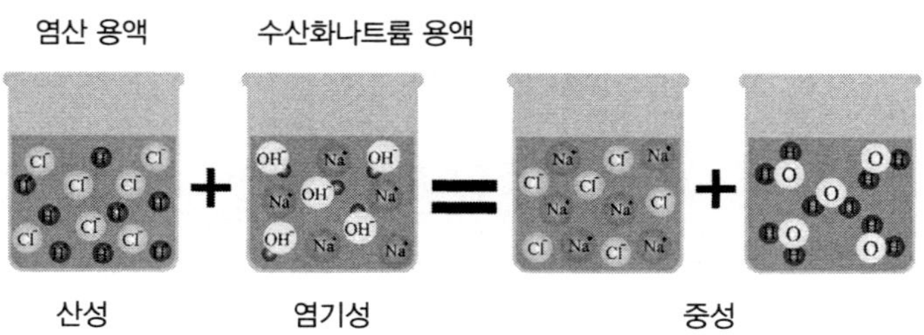

그림 22.1 중화 반응

22.1.2 산과 염기

(1) 아레니우스의 정의

수용액에서 H^+을 내놓는 물질을 산, OH^-을 내놓는 물질을 염기라고 한다.

(2) 브렌스테드-로우리 정의

다른 물질에 양성자(H^+)를 줄 수 있는 분자나 이온을 산, 다른 물질로부터 양성자(H^+)를 받을 수 있는 분자나 이온을 염기라고 한다.

$$\underset{\text{산}}{CH_3COOH} + \underset{\text{염기}}{H_2O} \rightarrow \underset{\text{산}}{H_3O^+} + \underset{\text{염기}}{CH_3COO^-}$$

(3) 루이스의 정의

비공유 전자쌍을 받을 수 있는 분자나 이온을 산, 비공유 전자쌍을 내놓을 수 있는 분자나 이온을 염기라고 한다.

22.2 실험 재료 살펴보기

1) 바디(몸통)
2) 산성 잉크
3) 염기성 잉크
4) 어댑터(연결 마개)
5) 필터
6) 닙(펜촉) 2개
7) 캡(뚜껑) 2개
8) 종이

22.2.1 모세관 현상

가는 유리관을 물속에 넣으면 유리관의 안쪽을 따라 물이 따라 올라오는데, 이처럼 공간의 벽을 통해 액체가 따라 올라가는 현상을 모세관 현상이라고 한다. 이와 같은 모세관 현상이 일어나는 것은 관 벽의 분자와 액체의 분자가 서로 끌어당기기 때문이다. 액체가 이렇게 중력과 반대로 위로 올라가는 것은 벽과 액체의 분자가 끌어당기는 힘이 대기압의 일부를 소멸시켜서 압력이 낮아지기 때문이다. 펜은 두 쪽으로 갈라져 있는데 갈라진 부분의 끝은 가늘지만 조금 위쪽은 넓게 벌려져 있어 펜을 잉크에 담그면 그곳에 잉크가 고이는데, 이렇게 고인 잉크는 모세관 현상과 중력에 의해 갈라진 펜촉이 흡수되어 종이로 글을 남길 수 있게 되는 것이다.

실험 22

비밀 펜 만들기

실험 목표

산과 염기에 대해 알아본다.

중화 반응에 대해 알아본다.

중화 반응을 이용한 비밀 펜을 만들어 본다.

실험 방법

① 산성 잉크에 필터를 넣고 잉크를 흡수시키고 반대쪽 필터에는 염기성 잉크를 흡수시킨다.

② 필터를 바디(몸체) 안에 넣고 완전히 들어가도록 살짝 눌러준다.

③ 어댑터(연결 마개)를 앞쪽에 꽂아준다.

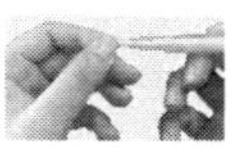

④ 양쪽 필터에 닙(펜촉)의 뾰족한 부분을 꽂아준다.
※ 닙(펜촉)을 끼울 때는 뾰족한 부분을 바디에 넣는다.

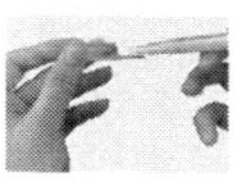

⑤ 양쪽 캡(뚜껑)을 닫아 완성한다.

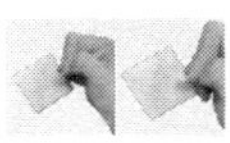

⑥ 산성 잉크 부분으로 비밀 내용을 쓰고 잘 말린 뒤, 염기성 잉크 부분을 덧칠해 본다.

주의 사항

필터 안에 잉크가 채워진 상태이므로 몸체에 넣을 때 주의해서 두드린다.

실험보고서

학과 학번 이름 일자 실험조

22.1 중화 반응이란 무엇인가?

22.2 산과 염기의 정의 3가지를 설명하시오.

22.3 모세관 현상에 대해 설명하시오.

심화학습

22.4 모세관 현상이 활용된 사례를 조사해 보자.

22.5 중화 반응이 활용된 사례를 조사해 보자.

EXPERIMENT

23 엘사 펜

23.1 배경지식 쌓기

23.1.1 용해

용매화 또는 용해는 용질이 용매 속으로 확산되어 섞이는 것을 말한다. 용매 입자와 용질 입자 사이의 인력이 용매 입자끼리의 인력이나 용질 입자끼리의 인력보다 크거나 같으면 용해가 잘 일어난다. 그러나 용매 입자와 용질 입자 사이의 인력보다 용매 입자끼리의 인력, 용질 입자끼리의 인력이 더 크면 용해가 잘 일어나지 않는다. 구조나 성질이 비슷한 물질끼리는 잘 섞이고, 다른 물질끼리는 잘 섞이지 않는다. 수소 결합을 한 물질이거나, 극성 분자인 물질은 물에 잘 녹는다. 용해가 일어나는 과정에서 이온은 용매 입자로 둘러싸여 하나의 큰 덩어리를 이루게 된다. 용해는 용매와 용질 입자를 재배열하여 그 큰 덩어리를 만드는 과정이다. 용해는 결합의 형성, 수소 결합, 그리고 반데르발스 힘과 관련이 있다. 특히 용매가 물인 용해 과정은 수화라고도 한다.

23.1.2 용해도

용해도는 용질이 용매에 포화 상태까지 녹을 수 있는 한도를 말하는데, 보통 용매 100g에 최대로 녹을 수 있는 용질의 양(g)을 의미한다. 온도, 용매와 용질의 종류 등에 영향을 받는다. 대부분의 경우 온도가 높아질수록 고체의 용해도는 증가하고, 기체의 용해도는 감소한다. 용해도를 표시할 때는 용질, 용매의 종류, 측정한 온도를 같이 표시해야 한다. 온도에 따른 용해도 변화를 나타낸 그래프를 용해도 곡선이라 한다. 기체의 용해도는 압력에도 영향을 받는다. 낮은 압력에서 용매에 대한 용해도가 크지 않은 기체는 그 기체의 용해도가 그 기체의 부분압력에 비례하는데, 이를 헨리의 법칙(Henry's Law)라 한다.

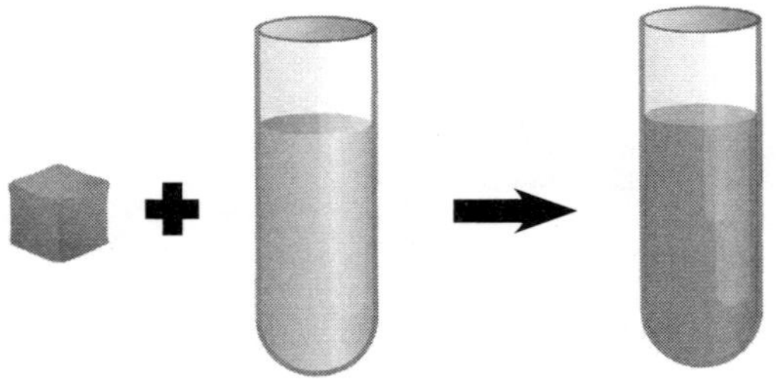

그림 23.1 용해도

23.2 실험 재료 살펴보기

1) 요소 용액
2) 필터
3) 바디(몸통)
4) 테일(윗뚜껑)
5) 닙(펜촉)
6) 캡(뚜껑)
7) 필름지

23.2.1 재결정

재결정이란 화합물 정제를 위한 방법 중 하나로, 온도에 따른 용해도 차이가 큰 고체 물질을 높은 온도에서 녹여 포화 용액으로 만든 후, 서서히 냉각시키면서 순수한 고체를 얻는 과정을 말한다. 화합물을 합성할 때 가장 중요한 과정 중의 하나가 정제인데, 정제란 다양한 화합물들이 섞인 혼합물에서 우리가 원하는 화합물을 선택적으로 분리해 얻는 과정을 뜻한다. 고체인 화합물의 정제 방법 중 승화를 비롯해 몇몇 방법이 있지만, 이 중 가장 흔히 사용되는 방법이 바로 재결정이다.

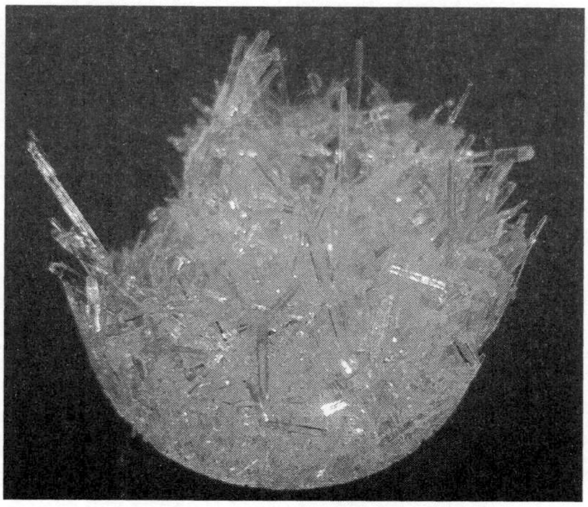

그림 23.2 재결정

23.2.2 재결정의 원리

재결정 과정을 이해하기 위해 먼저 알아야 할 개념은 용액이다. 정제하고자 하는 고체 상태의 혼합물을 우선 높은 온도에서 해당 물질을 비교적 잘 녹이는 용매에 녹여 포화 상태의 용액을 만들어야 한다. 이 때문에 재결정 과정에서 적절한 용매를 찾는 일은 매우 중요하다. 용액의 이해와 더불어 용해도와 용해도 곡선, 포화 상태, 그리고 용해도 평형에 대한 이해가 필요하다. 높은 온도의 포화된 상태에서 온도를 낮추면 용해도가 감소하고 따라서 용액의 상태는 과포화 상태가 된다. 시간이 지날수록 용질이 석출되어 용매에 녹지 않은 고체 상태의 화합물을 확인할 수 있고, 이를 여과 과정을 통해 용액에서 분리해 내고 건조 과정을 거치면 정제된 화합물을 얻을 수 있다.

실험 23

엘사 펜 만들기

실험 목표

재결정 원리를 알아본다.

엘사 펜을 만들고 눈 결정 부채를 만들어 본다.

실험 방법

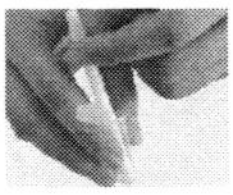

① 요소 용액을 필터에 모두 흡수될 동안 담가둔다.

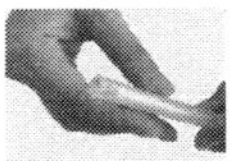

② 필터를 바디(몸통)에 넣고 테일(윗뚜껑)을 닫아준다.

③ 바디(몸통)에 닙(펜촉)을 끼워 펜을 만든다.

※ 닙(펜촉)을 끼울 때는 뾰족한 부분을 바디에 넣는다.

④ 뚜껑을 닫아 완성한다.

⑤ 필름지에 적어본다.

주의 사항

습도가 높을 때는 잘 나타나지 않으므로 드라이기를 사용한다.

실험보고서

학과 | 학번 | 이름 | 일자 | 실험조

23.1 용해도의 정의는 무엇인가?

23.2 용해가 잘 일어나는 조건은 무엇인가?

23.3 재결정의 원리를 설명하시오.

심화학습

23.4 우리 생활에서 재결정 현상의 예를 한 가지 이상 설명하시오.

23.5 엘사 펜으로 글씨를 쓰고 글씨가 보이기 시작하는 시점은 언제인가?

EXPERIMENT 24

산과 염기 천연 지시약 반응

24.1 배경지식 쌓기

24.1.1 산

산(acid)은 일반적으로 물에 녹았을 때 pH가 7보다 낮은 물질이다. 화학적으로는 물에 녹았을 때 이온화하여 수소 이온 H^+을 내놓는 물질을 말한다. 산은 전해질이고 일반적으로 신맛이 나며, 염기와 중화 반응을 한다. 또한 수소보다 이온화 경향이 높은 금속과 반응하여 수소 기체를 발생한다.

24.1.2 염기

염기(base)는 수용액에서 수산화 이온을 내거나 수소 이온을 흡수하는 물질을 말한다. 흔히 알칼리라고 부르며 산에 대응되는 물질로 서로 중화 반응을 일으켜 염과 물을 만든다. 대부분의 염기는 금속 산화물이다. 염기는 전해질이며 대체로 쓴맛이 나고, 손에 닿으면 단백질을 녹이는 성질 때문에 미끈거린다. 염기 물질은 보통 pH가 7 이상이다.

24.1.3 수소 이온 농도 지수(pH)

수소 이온 농도 지수(potential of hydrogen) 또는 수소 농도 지수는 수소 이온(H^+)의 해리 농도를 역수의 로그를 취해 나타낸 값으로, 단위는 pH를 사용한다. 화학에서 물질의 산과 염기의 강도를 나타내는 척도로써 사용된다.

수용액상에서의 수소 이온 활동도는 물의 해리상수와 다른 이온과의 상호작용으로 나타낸다. 중성의 수용액은 수소 이온(H^+)의 활동도와 수산화 이온(OH^-)의 활동도가 같으므로 표준 온도 압력(STP)에서 pH=7의 값을 가진다. 수용액 상태가 아니거나 표준 온도 압력 조건이 아닌 경우 중성 용액의 pH 값은 7이 아닐 수도 있다. 이때는 용매를 포함한 주변 조건에 따른 해리상수 값을 적용하여 pH를 측정한다.

24.1.4 수소 이온 해리 농도의 정의

보통은 수용액상에서의 수소 이온(H^+)을 의미하지만, 아레니우스 산-염기 이론과는 다르게 브뢴스테드-로리 산-염기 이론이나 루이스 산-염기 이론을 적용하면 수용액뿐만 아니라 보다 넓은 범위(유기물질과의 반응)에서 설명을 할 수 있기 때문에 전자쌍 받개인 수소 이온의 해리 농도의 정도로서 산-염기의 세기를 나타낸다.

$$\text{일반 반응식 : } HB \rightleftarrows H^+ + B^-$$

$$\text{산 해리상수 : } K_a = \frac{[H^+] \cdot [B^-]}{[HB]}$$

K_b값과 마찬가지로 K_a값도 그냥 쓰기엔 너무 작은 수이므로 역로그 연산자 $p(-\log_{10})$를 적용하여 단순화한다.

$$pK_a = -\log_{10}K_a$$

$$pH = -\log[H^+]$$

24.2 배경지식 쌓기

24.2 실험 재료 살펴보기

1) 학습지
2) 홈판
3) pH 용액
4) 천연지시약
5) 리트머스 종이
6) 장갑

● 개인 준비물 : 셀로판테이프

24.2.1 지시약

지시약이란 그렇게 많지 않은 양만 가지고 어떤 적정반응의 종말점(눈으로 확인했을 때 반응이 완결되는 시점)을 확인하기 위해 쓰이는 물질을 일컫는다. 주로 용액의 색의 변화를 기준으로 하여 종말점을 확인한다. 색의 변화를 이용해 종말점을 확인하는 경우 당량점(이론상 반응이 완결되는 시점)을 기준으로 하여 지시약의 색 변화가 심하게 나타나는 것을 쓴다.

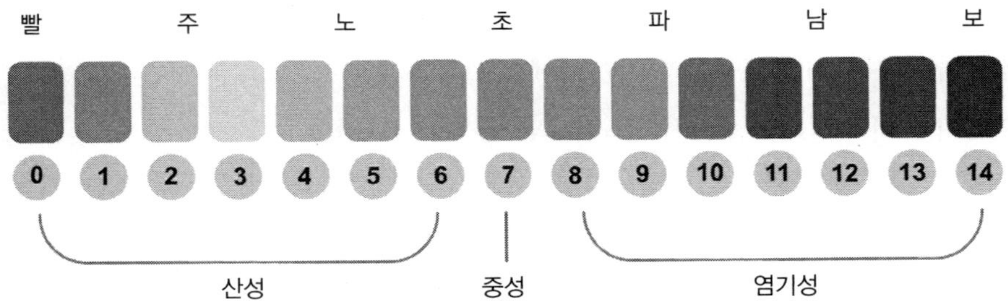

그림 24.1 pH별 색깔 반응

24.2.2 안토시아닌

안토시아닌(Anthocyanin)은 보통 보라색을 띠며, 대표적으로 블랙커렌트, 블루베리, 적양배추 등에 많이 들어있다. 안토시아닌은 산성에서는 붉은색으로 변하고, 염기성에서는 푸른색이나 녹색으로 변하는 성질을 가지고 있다. 이러한 성질 때문에 적양배추를 산·염기를 구분하는 지시약으로 활용할 수 있다. 안토시아닌의 화학적 구조는 다음과 같으며, R 자리에 다양한 원소들이 붙을 수 있어 여러 가지 변종이 자연에 존재한다. 하지만 기본적인 화학적 성질은 모두 비슷하다.

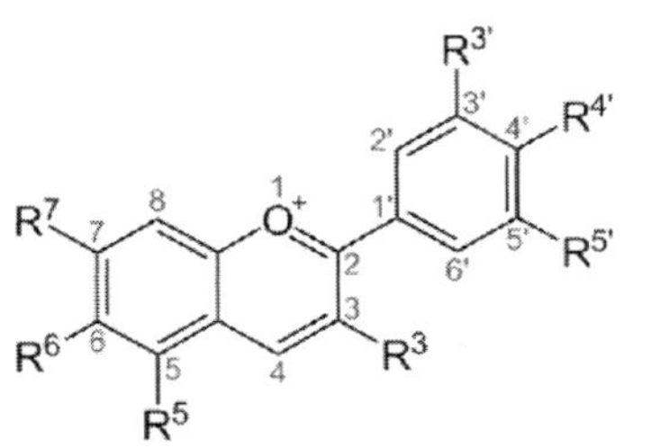

그림 24.2 안토시아닌

그중에서 적양배추 등의 식물에 포함된 보라색의 안토시아닌은 시아니딘(Cyanidin)이라고 한다. 화학식 상단부의 수소 이온과 결합 유무에 따라 구조가 달라지며, 이에 따라 색깔이 변하는 특징을 보인다.

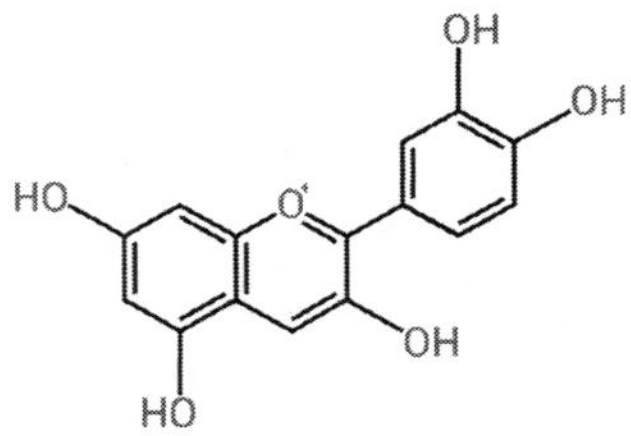

그림 24.3 시아니딘

실험 24

산과 염기 천연지시약 반응

실험 목표

산과 염기의 특성을 알아본다.

천연지시약을 이용하여 pH 농도별로 색깔 반응을 살펴본다.

실험 방법

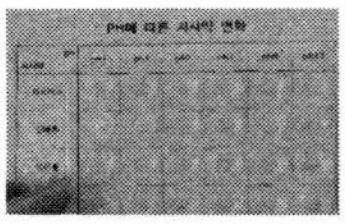

① 셀로판테이프로 홈판을 학습지에 붙인다.

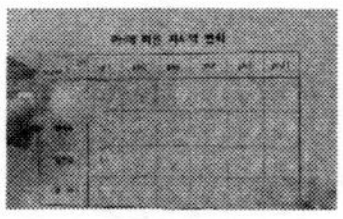

② pH 용액을 pH 농도별로 홈판에 2~3방울씩 넣는다. (세로방향: ↓)

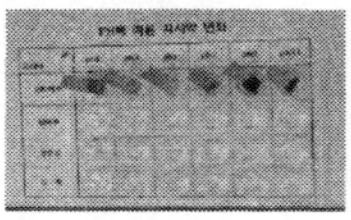

③ 리트머스 종이를 반으로 잘라 리트머스 종이 칸에 하나씩 꽂는다. (가로방향: →)

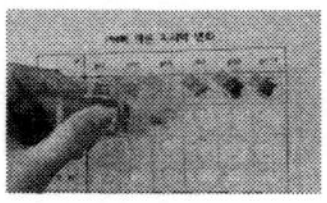

④ 지시약을 종류별로 2~3방울씩 넣어준다. (가로방향: →)

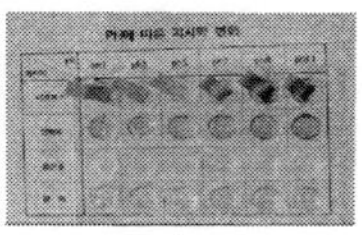

⑤ 색깔 반응을 확인한다.

주의 사항

실험에 사용되는 용액은 눈이나 피부에 닿지 않도록 주의한다.

실험보고서

학과 　　 학번 　　 이름 　　 일자 　　 실험조

24.1 천연지시약을 넣었을 때 pH별로 색깔 변화를 적으시오.

지시약 \ pH	pH 1	pH 3	pH 5	pH 7	pH 9	pH 11
리트머스종이						
양배추						
검은콩						
장미						

24.2 산과 염기의 특성은 무엇인가?

24.3 주로 보라색을 띠며, 산성에서는 붉은색, 염기성에서는 푸른색이나 녹색으로 변해 지시약으로 활용되는 적양배추 속 성분은 무엇인가?

심화학습

24.4 우리 생활에서 산과 염기가 이용되는 예를 조사해 보자.

EXPERIMENT 25

산과 염기 합성 지시약 반응

25.1 배경지식 쌓기

25.1.1 산

산(acid)은 일반적으로 물에 녹았을 때 pH가 7보다 낮은 물질이다. 화학적으로는 물에 녹았을 때 이온화하여 수소 이온 H^+을 내놓는 물질을 말한다. 산은 전해질이고 일반적으로 신맛이 나며, 염기와 중화 반응을 한다. 또한 수소보다 이온화 경향이 높은 금속과 반응하여 수소 기체를 발생한다.

25.1.2 염기

염기(base)는 수용액에서 수산화 이온을 내거나 수소 이온을 흡수하는 물질을 말한다. 흔히 알칼리라고 부르며 산에 대응되는 물질로 서로 중화 반응을 일으켜 염과 물을 만든다. 대부분의 염기는 금속 산화물이다. 염기는 전해질이며 대체로 쓴맛이 나고, 손에 닿으면 단백질을 녹이는 성질 때문에 미끈거린다. 염기 물질은 보통 pH가 7 이상이다.

25.1.3 수소 이온 농도 지수(pH)

수소 이온 농도 지수(potential of hydrogen) 또는 수소 농도 지수는 수소 이온(H^+)의 해리 농도를 역수의 로그를 취해 나타낸 값으로, 단위는 pH를 사용한다. 화학에서 물질의 산과 염기의 강도를 나타내는 척도로써 사용된다.

수용액상에서의 수소 이온 활동도는 물의 해리상수와 다른 이온과의 상호작용으로 나타낸다. 중성의 수용액은 수소 이온(H^+)의 활동도와 수산화 이온(OH^-)의 활동도가 같으므로 표준 온도 압력(STP)에서 pH=7의 값을 가진다. 수용액 상태가 아니거나 표준 온도 압력 조건이 아닌 경우 중성 용액의 pH 값은 7이 아닐 수도 있다. 이때는 용매를 포함한 주변 조건에 따른 해리상수 값을 적용하여 pH를 측정한다.

25.1.4 수소 이온 해리 농도의 정의

보통은 수용액상에서의 수소 이온(H^+)을 의미하지만, 아레니우스 산–염기 이론과는 다르게 브뢴스테드–로리 산–염기 이론이나 루이스 산–염기 이론을 적용하면 수용액뿐만 아니라 보다 넓은 범위(유기물질과의 반응)에서 설명을 할 수 있기 때문에 전자쌍 받개인 수소 이온의 해리 농도의 정도로서 산–염기의 세기를 나타낸다.

$$\text{일반 반응식 : } HB \rightleftarrows H^+ + B^-$$

$$\text{산 해리상수 : } K_a = \frac{[H^+] \cdot [B^-]}{[HB]}$$

K_b값과 마찬가지로 K_a값도 그냥 쓰기엔 너무 작은 수이므로 역로그 연산자 $p(-\log_{10})$를 적용하여 단순화한다.

$$pK_a = -\log_{10} K_a$$

$$pH = -\log[H^+]$$

25.2 실험 재료 살펴보기

1) 학습지
2) 홈판
3) pH 용액
4) 지시약
5) 리트머스 종이
6) 장갑

● 개인 준비물 : 셀로판테이프

25.2.1 산–염기 지시약

산–염기 지시약은 용액의 pH를 검출하는 데 쓰이는 화학 약품이다.

(1) 메틸오렌지

메틸 오렌지(Methyl orange)는 보통 산 · 염기 지시약으로 사용하며, 염기성에선 노란색, 중성에선 주황색, 산성에서 붉은색을 띤다. 모든 수소 이온 농도에서 색 변화를 띠지만, 산성을 제외하면 그 구분이 명확하지 않아 주로 강산성 지시약으로만 사용된다. 약염기를 강산으로 중화시킬 때 중화점을 찾는 지시약으로 사용하기도 한다.

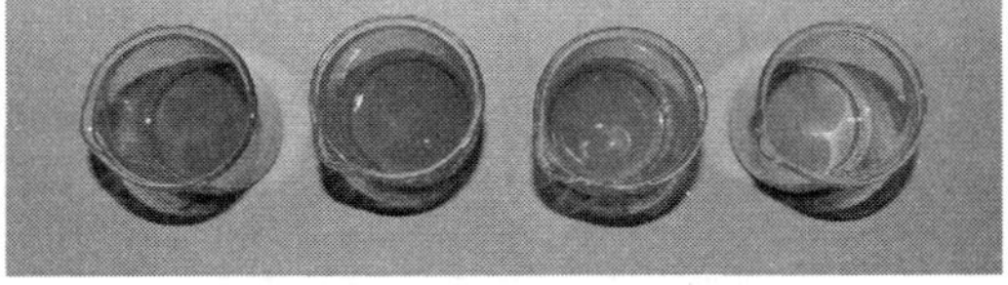

그림 25.1 메틸오렌지 수용액 산도에 따른 색 변화

(2) B.T.B

브로모티몰 블루(bromothymol blue, $C_{27}H_{28}Br_2O_5S$), 간단히 BTB 용액은 산–염기 지시약으로 산성에서는 노란색이며, 중성에서는 초록색, 염기성에서는 파란색으로 나타나는 지시약이다. 모든 pH 조건에서 색상을 나타내기 때문에 널리 쓰인다.

그림 25.2 BTB 용액

(3) 페놀프탈레인

페놀프탈레인(Phenolphthalein)은 페놀계 무색투명한 용액이다. 이 용액은 산 · 염기를 구별하는 지시약으로, 리트머스 시험지처럼 흔히 쓰인다. 염기성에서 붉은색, 산성과 중성에서 무색을 띤다. 단, pH가 0 이하인 초강산 물질과 반응할 때는 주황색을 띠고 강염기와 반응할 때는 무색을 띤다.

실험 25

산과 염기 합성 지시약 반응

실험 목표

산과 염기의 특성을 알아본다.

일반지시약을 이용하여 pH 농도별로 색깔 반응을 살펴본다.

실험 방법

① 셀로판테이프로 홈판을 학습지에 붙인다.

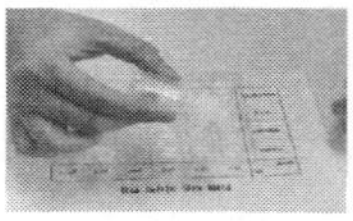

② pH 용액을 pH 농도별로 홈판에 2~3방울씩 넣는다. (세로방향: ↓)

③ 리트머스 종이를 반으로 잘라 리트머스 종이 칸에 하나씩 꽂는다. (가로방향: →)

④ 지시약을 종류별로 2~3방울씩 넣어준다. (가로방향: →)

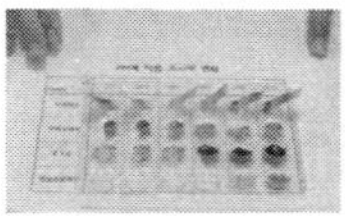

⑤ 색깔 반응을 확인한다.

주의 사항

실험에 사용되는 용액은 눈이나 피부에 닿지 않도록 주의한다.

실험보고서

학과 ______ 학번 ______ 이름 ______ 일자 ______ 실험조 ______

25.1 합성 지시약을 넣었을 때 pH별로 색 변화를 적으시오.

pH / 지시약	pH 1	pH 3	pH 5	pH 7	pH 9	pH 11
리트머스종이						
메틸오렌지						
B.T.B.						
페놀프탈레인						

25.2 염기성에서는 노란색, 중성에서는 주황색, 산성에서는 붉은색을 띠며 주로 강산성 지시약으로 사용되는 것은 무엇인가?

25.3 산성에서는 노란색, 중성에서는 초록색, 염기성에서는 파란색을 띠며 모든 pH 조건에서 색상을 나타내기 때문에 널리 쓰이는 지시약은 무엇인가?

심화학습

25.4 우리 생활에서 산과 염기가 이용되는 예를 조사해 보자.

EXPERIMENT 26

로켓 케이블카

26.1 배경지식 쌓기

26.1.1 신재생에너지란?

신재생에너지는 단어 그대로 새로운(新), 재생 가능한 에너지로, 환경 오염을 일으키는 화력발전과 원자력 발전을 대체할 수 있는 무공해 에너지를 의미한다. 신재생에너지의 종류에는 풍력 에너지, 태양열 에너지, 지열 에너지, 조류에너지, 바이오에너지 등이 있다. 신재생에너지는 재생이 가능하기 때문에 자원이 고갈되지 않아 오랫동안 사용할 수 있으며, 오염 물질이나 이산화탄소 배출이 적어 친환경적이다. 하지만 발전소를 건설할 때 자연환경의 영향을 많이 받고, 비용이 많이 들며, 화력발전이나 원자력 발전만큼 많은 에너지를 만들지 못해 이러한 점을 개선하기 위한 노력이 계속 이루어지고 있다.

화석 연료 사용에 의한 CO_2 발생이 거의 없다.	상업화를 위한 장기적인 개발 보급 정책이 필요하다.	연구 개발에 의해 에너지 자원 확보가 가능하다.	태양광, 풍력 등 재생 가능 에너지원으로 구성되었다.

그림 26.1 신재생에너지의 특성

26.1.2 풍력 발전

현재 사용되고 있는 바람 에너지를 활용하여 전력을 생산하는 풍력 발전의 원리는, 바람의 운동에너지가 프로펠러에 닿을 때 그 양력이 발생시키는 회전력으로 발전기를 가동시켜 전기를 만들어 내는 원리를 사용한다. 이러한 풍력 발전은 태양광 발전과 마찬가지로 유지 보수가 쉽고 그 비용이 저렴하며 매우 친환경적이라는 장점이 있다. 물론 풍력 발전에도 단점이 존재하는데, 바람이란 존재가 항상 일정하게 부는 것이 아니며 언제, 어디서, 얼마

만큼 불어올지 예측하기 힘들다는 점이다. 그러나 이러한 단점은 점점 기술로 보완되고 있다. 발전기 제어 기술의 발전으로 일정한 바람으로 만들어 낼 수 있는 전기에너지의 양이 점점 많아지고 있다. 때문에 총 전기 생산 중 풍력 발전이 차지하는 비중을 높이려는 시도가 여러 나라에서 진행되고 있다.

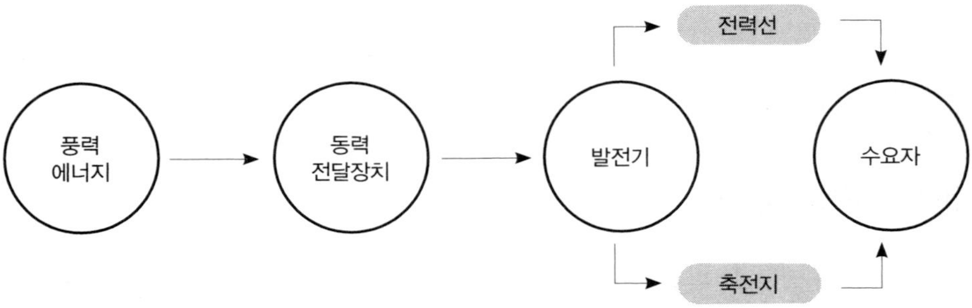

그림 26.2 풍력 에너지 구성도

26.1.3 풍력 발전의 원리

풍력 발전은 공기의 유동이 가진 운동에너지의 공기역학적 특성을 이용하여 회전자를 회전시켜 기계적 에너지로 변환시키고 이 기계적 에너지로 전기를 얻는 기술이다. 풍력 발전기는 날개의 회전축 방향에 따라 수평형과 수직형으로 분류되는데, 이 회전 날개가 바람의 운동에너지를 기계적 회전력으로 변환시키고, 동력전달장치는 입력된 회전력을 증폭시킨다.

풍향은 위로 잡아당기는 힘, 수직의 양력이 발생한다. 바람이 불 때 날개의 윗면에 흐르는 공기가 밑면보다 더 빨리 움직이기 때문에 날개 윗면의 압력이 아랫면보다 낮아지면서 바로 이 양력이 발생한다. 또한 날개의 바람에 대한 각도가 점점 커지면 날개의 양력도 증가하게 된다. 풍력 발전기는 양력뿐만 아니라 풍향과 같은 방향으로 발생하는 항력이라 불리는 힘이 작용한다. 항력은 보통 운동 방향에 닿는 면적이 커질수록 증가한다. 양력은 풍력 발전기의 하중을 증가시키는 요인이 되는데, 회전 날개를 개발할 때는 양력을 최대한으로, 항력을 최소한으로 하는 것이 가장 중요한 목표가 된다.

26.2 실험 재료 살펴보기

1) 휴지심
2) 도안(로켓 머리, 몸통, 날개)
3) 빨대 2개
4) 풍선
5) EVA
6) 벨크로(찍찍이)
7) 양면테이프
8) 낚시줄
9) 개인 준비물 : 가위, 투명테이프

26.2.1 작용 반작용의 법칙

뉴턴의 운동 제3법칙인 작용 반작용의 법칙은 A, B 두 물체가 서로 작용을 미치고 있을 때 그 상호작용에 관한 법칙이다. 물체 A가 물체 B에 미치는 것을 작용, 물체 B가 물체 A에 미치는 것을 반작용이라 하고, 작용이 있으면 반드시 반작용이 있으며, 그 크기는 같고 방향은 반대이다.

가령 외력이 작용하지 않는 1개의 물체를 두 부분 A, B로 나누어 생각할 때, 이 물체 전체에 작용하는 힘은 A가 B에 미치는 작용과 B가 A에 미치는 반작용의 합력이다. 만약 작용 반작용의 법칙이 성립하지 않는다면, 합력은 소실되지 않고 남아 물체는 외력을 받지 않아도 가속도 운동을 일으키는 것이 되어 운동의 제1법칙에 위배된다. 작용 반작용의 법칙으로부터, 외력을 받지 않는 역학계에서는 전 운동량이 일정하다는 것을 알 수 있다.

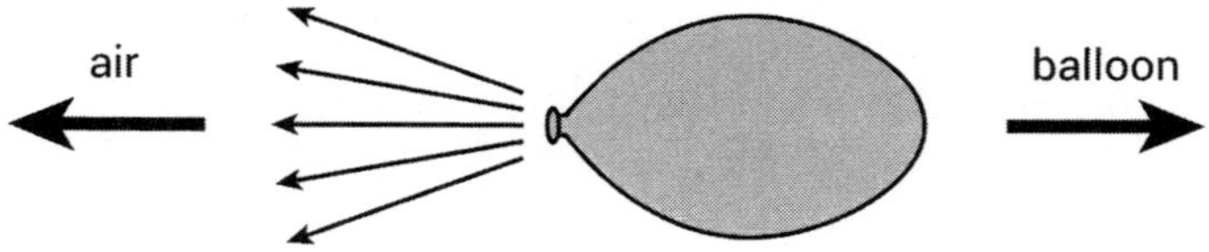

그림 26.3 작용 반작용의 법칙

실험 26

로켓 케이블카 만들기

실험 목표

신재생에너지와 풍력 에너지에 대해 알아본다.

풍력으로 움직이는 로켓 케이블카를 만들어 본다.

실험 방법

① 도안을 모두 오려놓고, 휴지심의 한쪽 끝에 로켓 머리 도안을 원뿔로 만들어 붙여준다.

② 로켓 몸통 스티커를 붙이고, 날개 2개를 각각 얇은 양면테이프를 이용해 붙여준다.

※ 날개 붙이는 위치가 로켓 머리와 반대쪽으로 위치해야 한다.

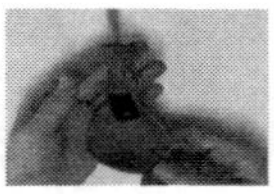

③ 풍선 입구에 원형 EVA를 끼우고, 가는 빨대를 적당한 크기로 잘라 구멍에 끼운다.

④ 벨크로(찍찍이)를 잘라 까슬거리는 면은 풍선에, 부드러운 면은 로켓의 몸통에 붙인다.

⑤ 굵은 빨대를 몸통 길이만큼 잘라 투명테이프를 이용해 붙인다.

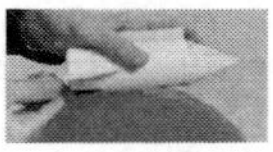

⑥ 낚시줄을 굵은 빨대 속으로 통과시키고, 풍선에 바람을 불어 넣은 후, 입구를 막은 채 풍선과 로켓의 벨크로를 맞붙여준다.

⑦ 낚시줄을 양쪽에서 팽팽하게 잡은 후 풍선 입구를 놓으면서 로켓 케이블카를 날려본다.

주의 사항

로켓 케이블카를 사람을 향해 날리지 않도록 한다.

실험보고서

학과 　　 학번 　　 이름 　　 일자 　　 실험조 　　

26.1 신재생에너지란 무엇인가?

26.2 풍력 발전의 원리는 무엇인가?

26.3 풍력 발전기의 회전 날개를 개발할 때, 가장 중요한 목표가 되는 것은 무엇인가?

심화학습

26.4 신재생에너지의 예를 한 가지 이상 조사해서 토의해 보자.

26.5 로켓 케이블카가 움직이는 원리를 설명하시오.

EXPERIMENT 27

풍력 자동차

27.1 배경지식 쌓기

27.1.1 화석 연료와 환경 오염

화석 연료는 석탄, 석유, 천연가스와 같이 지하에 매장되어 있는 자원을 이용하는 연료이다. 화석 연료는 화력발전을 통하여 전기에너지를 만들 때나 자동차나 공장의 기계들을 움직일 때 많이 사용한다. 그런데 화석 연료를 태울 때 발생하는 이산화탄소는 대기 중에 머물러있으면서 기후변화와 지구 온난화를 일으키는 원인이 된다. 화석 연료로 인하여 이산화탄소의 양은 점점 증가하면서 지구가 계속 더워지면 극지방의 빙하가 녹아 해수면이 상승하게 되고, 이상 기후가 유발되는 등 지구에 심각한 문제를 일으킬 수 있다. 또한 화석 연료를 태운 자동차 배기가스나 공장 매연 속에 포함된 황산이나 질산 가스가 빗물에 녹으면 산성비가 내림으로 인해 나무가 잘 자라지 못하거나 호수나 연못의 물고기들이 죽는 등 생태계에 큰 피해를 준다.

27.1.2 원자력 발전

화석 연료를 사용한 화력발전 대신 원자력 발전을 이용하여 전기에너지를 만들기도 한다. 원자력 발전은 핵분열을 이용하여 전기에너지를 만들며 에너지의 효율이 매우 높다. 하지만 원자력 발전소가 폭발할 경우 사람과 생물들에게 큰 피해를 줄 수 있으며, 핵폐기물들이 많이 발생하여 이를 처리하는 데 어려움이 많다. 우리나라에서 사용되는 에너지는 2/3 정도가 화력발전과 원자력 발전을 통해 만들어지고 있으나 단점이 많아 이를 대체할 방법들이 연구되고 있다.

27.1.3 풍력 발전

현재 사용되고 있는 바람 에너지를 활용하여 전력을 생산하는 풍력 발전의 원리는, 바람의 운동에너지가 프로펠러에 닿을 때 그 양력이 발생시키는 회전력으로 발전기를 가동시켜 전기를 만들어 내는 원리를 사용한다. 이러한 풍력 발전은 태양광 발전과 마찬가지로 유지보수가 쉽고 그 비용이 저렴하며 매우 친환경적이라는 장점이 있다. 물론 풍력 발전에도 단점이 존재하는데, 바람이란 존재가 항상 일정하게 부는 것이 아니며 언제, 어디서, 얼마만큼 불어올지 예측하기 힘들다는 점이다. 그러나 이러한 단점은 점점 기술로 보완되고 있다. 발전기 제어 기술의 발전으로 일정한 바람으로 만들어 낼 수 있는 전기에너지의 양이 점점 많아지고 있는 것이다. 때문에 총 전기 생산 중 풍력 발전이 차지하는 비중을 높이려는 시도가 여러 나라에서 진행되고 있다.

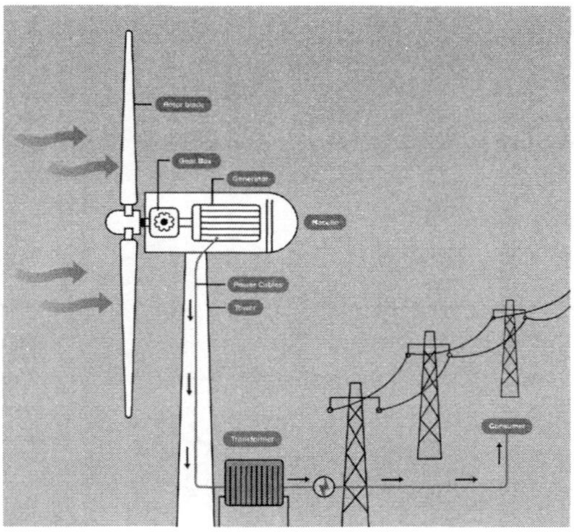

그림 27.1 풍력 발전

27.2 실험 재료 살펴보기

1) 종이컵
2) 바퀴 2세트
3) 빨대 3개
4) 풍선
5) EVA(원형, 사각)
6) 벨크로(찍찍이)

7) 양면테이프 8) 스티커

● 개인 준비물: 가위, 싸인펜, 색연필 등

27.2.1 작용 반작용의 법칙

뉴턴의 운동 제3법칙인 작용 반작용의 법칙은 A, B 두 물체가 서로 작용을 미치고 있을 때 그 상호작용에 관한 법칙이다. 물체 A가 물체 B에 미치는 것을 작용, 물체 B가 물체 A에 미치는 것을 반작용이라 하고, 작용이 있으면 반드시 반작용이 있으며, 그 크기는 같고 방향은 반대이다.

가령 외력이 작용하지 않는 1개의 물체를 두 부분 A, B로 나누어 생각할 때, 이 물체 전체에 작용하는 힘은 A가 B에 미치는 작용과 B가 A에 미치는 반작용의 합력이다. 만약 작용 반작용의 법칙이 성립하지 않는다면, 합력은 소실되지 않고 남아 물체는 외력을 받지 않아도 가속도 운동을 일으키는 것이 되어 운동의 제1법칙에 위배된다. 작용 반작용의 법칙으로부터, 외력을 받지 않는 역학계에서는 전 운동량이 일정하다는 것을 알 수 있다.

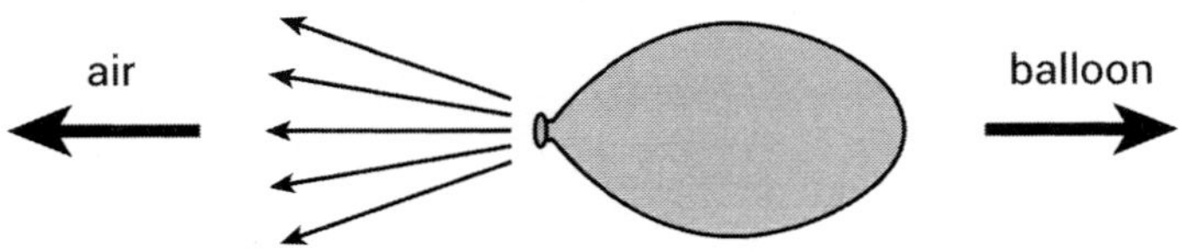

그림 27.2 작용 반작용의 법칙

실험 27

풍력 자동차 만들기

실험 목표

신재생에너지가 필요한 이유를 알아본다.

풍력으로 움직이는 풍력 자동차를 만들어 본다.

실험 방법

① 얇은 빨대를 10cm 정도의 길이로 자른다.

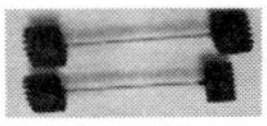

② 바퀴에 연결봉을 끼우고, 빨대 구멍에 넣은 후 반대쪽에 바퀴를 끼워 연결한다. (2세트)

③ 사각 EVA 양쪽 끝부분에 양면테이프를 이용해 바퀴 세트를 붙여준다.

④ 바퀴가 바닥으로 가게 뒤집은 후 양면테이프를 이용하여 종이컵을 붙인다.

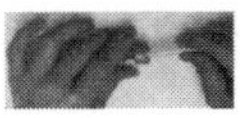

⑤ 풍선의 입구에 원형 EVA를 끼우고, 빨대를 적당한 길이로 잘라 구멍에 끼워 연결한다.
※ 빨대는 EVA가 있는 곳까지만 넣는다.

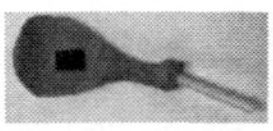

⑥ 벨크로(찍찍이)를 조금 잘라 까슬거리는 면은 풍선의 중앙 부분에, 부드러운 면은 종이컵에 붙인다.

⑦ 스티커를 색칠해서 종이컵 옆면에 붙여 꾸며준다.

⑧ 풍선에 바람을 불어 넣어 입구를 막은 채 풍선과 자동차의 벨크로를 맞붙인 후, 풍선 입구를 놓으면서 자동차의 움직임을 확인한다.

주의 사항

바퀴에 연결봉을 끼울 때 다치지 않도록 주의한다.

실험보고서

학과 　　　 학번 　　　 이름 　　　 일자 　　　 실험조

27.1 신재생에너지의 필요성을 설명하시오.

27.2 원자력 발전에 대해서 설명하시오.

27.3 풍력 발전의 장단점을 설명하시오.

심화학습

27.4 풍력 자동차가 움직이는 원리를 설명하시오.

27.5 화석 연료와 환경 오염에 대해서 조사하고 서로 개선 방향에 대해 토론해 보자.

27.6 신재생에너지가 활용된 예를 한 가지 이상 조사해서 토론해보자.

EXPERIMENT

28 간이 사진기

28.1 배경지식 쌓기

28.1.1 빛

빛(light)이란 좁은 의미에서 가시광선, 즉 일반적으로 사람이 볼 수 있는 영역의 전자기파를 의미하고, 넓은 의미에서 전파, 적외선, X선 등 모든 영역의 전자기파를 의미한다. 물리학에서 주로 넓은 뜻으로 쓰인다.

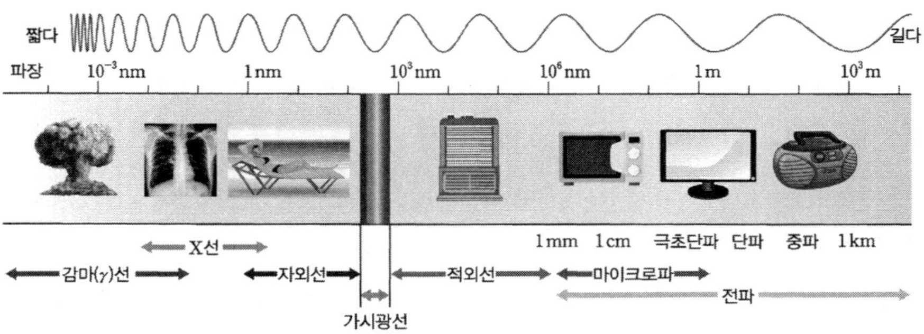

그림 28.1 파장에 따른 전자기파의 구분

28.1.2 빛의 성질

(1) 빛의 직진

빛의 직진은 빛이 균일한 매질 내에서 곧게 뻗어가는 성질을 의미한다. 같은 굴절률을 갖는 균일한 매질 내에서 빛은 굴절하지 않고 직진하다. 특히 가시광선 영역의 빛의 파장은 380~760nm로 비교적 짧기 때문에 파수(파의 공간적 주파수)가 크다는 특징이 있다. 따라서 파장이 짧은 빛일수록 파수가 크므로 직진성이 강하다.

(2) 빛의 반사

거울에 빛을 비추면 빛은 진행 방향이 바뀌어 나아간다. 이처럼 빛이 진행하다가 물체에 부딪혀 진행 방향이 바뀌어 나아가는 현상을 빛의 반사라고 한다. 거울 면과 같이 매끄러운 표면에 평행하게 들어온 빛은 반사할 때도 평행하게 나아가며, 이를 정반사라고 한다. 하지만 물체의 표면이 울퉁불퉁한 곳에 평행하게 들어온 빛은 여러 방향으로 반사되는데 이를 난반사라고 한다.

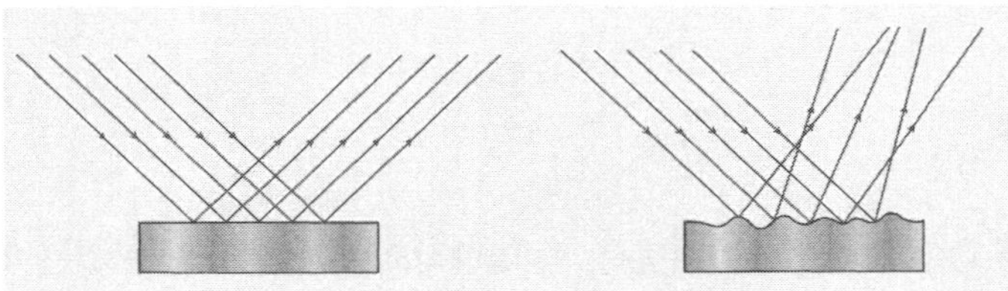

그림 28.2 정반사와 난반사

(3) 빛의 굴절

빛의 굴절은 비스듬하게 입사된 빛이 기존의 매질로부터 새로운 물질로 진행할 때, 매질의 밀도 차이에 의해 빛 좌우의 속도 차이가 생겨서 빛이 꺾이는 현상이다. 즉, 하나의 매질로부터 다른 매질로 진입하는 빛이 그 경계면에서 나가는 방향을 바꾸는 현상이다.

(4) 빛의 산란

태양 빛이 공기 중 질소, 산소, 먼지 등과 같은 작은 입자들과 부딪칠 때 빛이 사방으로 재방출되는 현상을 빛의 산란이라고 한다.

28.2 실험 재료 살펴보기

1) 도면A, 도면B, 도면C
2) 투명 양면테이프
3) EVA
4) 볼록렌즈
5) 기름종이
6) 압정
7) 개인 준비물: 가위, 자

28.2.1 간이 사진기의 구조와 원리

간이 사진기는 안팎으로 상자 두 개가 겹쳐진 구조로, 겉 상자는 앞면에 볼록 렌즈를 끼워 들어오는 빛을 굴절시켜 빛을 모으는 역할을 하고, 속 상자는 앞면에 반투명한 종이를 사용하여 물체의 모습이 나타나게 하여 뒤쪽에서 관찰한다.

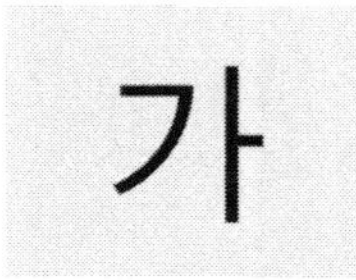

실제 물체의 모습

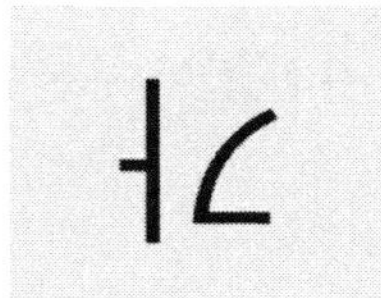

관찰한 물체의 모습

그림 28.3 간이 사진기로 관찰한 물체의 모습

간이 사진기로 물체를 보면 물체의 모습이 상하좌우가 바뀌어 보인다. 그 까닭은 물체에서 온 빛이 볼록 렌즈에서 굴절되어 모이며 반투명한 종이에 이르기 때문이다.

간이 사진기 만들기

실험 목표

빛의 성질을 알아본다.

빛의 원리를 이용한 간이 사진기를 만들어 본다.

실험 방법

① 도면 A의 렌즈 가운데 하얀색 점이 표시된 부분에 압정으로 작은 구멍을 뚫어준다.

② 투명 양면테이프를 잘라서 붙이며 도면 A를 조립한다.

③ 양면 접착 EVA에 렌즈의 평평한 면으로 렌즈 날개를 붙이고 단면접착 EVA로 렌즈를 포개어 붙인다.

④ 그리고 도면 B의 둥근 구멍 테두리에 렌즈를 붙인다.

⑤ 투명 양면테이프를 잘라서 붙이며 도면 B를 조립한다.

⑥ 투명 양면테이프를 잘라 도면 C의 네모 구멍에 기름종이를 붙이고, 도면 C를 조립한다.

⑦ 완성한 도면 B를 기름종이가 있는 쪽부터 도면 A와 B에 각각 끼우며 상이 어떻게 맺히는지 비교해 본다.

주의 사항

압정은 사용한 후에 바로 정리하여 다치지 않도록 주의한다.

실험보고서

학과 학번 이름 일자 실험조

28.1 빛이란 무엇인가?

28.2 빛의 여러 가지 성질에 대해 설명하시오.

28.3 간이 사진기로 관찰한 물체와 실제 물체의 모습의 차이점은 무엇인가?

심화학습

28.4 실생활에서 빛의 성질이 활용된 사례를 한 가지 이상 조사하여 토론해 보자.

EXPERIMENT

29 미니 진공청소기

29.1 배경지식 쌓기

29.1.1. 진공이란 무엇인가?

진공이란 어떤 입자도 없이 텅 비어 있는 공간이라고 말할 수 있다. 그러나 우리 주변에서 진공상태를 찾기란 쉽지 않다. 우주공간은 거의 완벽한 진공이라 말할 수 있으나, 지구상에서는 완벽한 진공상태를 흔히 볼 수도, 만들어 내기도 어렵다. 주변에서 흔히 접하는 진공포장, 진공건조에서의 진공도 완벽한 빈 공간을 의미하는 것이 아니라 공기 입자 수를 보통의 기압 상태보다 현격히 줄였다는 의미일 것이다. 따라서 진공청소기의 진공은 완벽히 텅 빈 공간을 의미하는 것이 아니라, 공기 분자의 수가 주위보다 아주 적은 상태의 불완전한 진공을 의미한다.

그림 29.1 자유낙하 실험 (출처: BBC-Youtube)

위 실험은 영국의 물리학자인 브레인 콕스가 증명한 자유낙하 원리를 실제 미항공우주국(NASA)에 위치한 진공 챔버에서 진행하였다. 실험 장면에선 질량이 다른 볼링공과 깃털이 진공상태의 공간에서 똑같은 속도로 떨어지는 것을 확인할 수 있다. 이는 진공상태에서 자유낙하 실험을 통해 공기의 저항에 미치는 영향 또한 알 수 있었다. 진공상태가 아니라면, 깃털과 볼링공이 절대로 같은 속도로 떨어지는 것은 불가능하기 때문이다. 여기서 중요한 것은 지구에는 완벽한 진공이 존재하지 않기 때문에 일정 기준 이하의 기압 상태를 진공상태라 부른다.

29.1.2 진공청소기의 역사

1901년 영국의 발명가 세실부스가 최초로 발명하였다. 그가 발명한 흡입식 진공청소기는 마차에 펌프를 장치한 거대한 기계였다. 그 후 1907년 미국의 스팽글러가 먼지를 빨아들이는 휴대용 진공청소기를 발명하였지만 상용화시키지 못하였다. 상용화시킨 것은 그에게 진공청소기의 특허권을 사들인 친척 윌리엄 후버였다. 그 후 1908년부터 퍼져나간 진공청소기는 발전을 거듭해 오늘날의 진공청소기가 되었다.

그림 29.2 세실부스가 발명한 진공청소기

29.1.3 진공청소기의 구조

진공청소기의 구조는 일반적으로 세 부분으로 구성된다. 즉, 진공청소기의 내부는 오물과 먼지가 포함된 일반 공기가 들어오는 호스 부분, 오물과 먼지를 걸러내 주고 깨끗한 바람만 통과시키는 필터 부분, 모터의 회전에 의해 약한 수준의 진공상태를 만들어 내는 송풍장치 부분으로 나눌 수 있다.

29.1.4 진공청소기의 원리

진공청소기는 공기의 압력차를 이용한 기구이다. 공기는 압력차가 생기면 압력이 높은 고기압에서 낮은 저기압으로 이동하게 된다. 진공청소기는 전기에너지를 이용해서 공기의 압력차를 만들고, 완벽한 진공은 아니지만 불완전한 진공을 만들어 주변보다 기압이 낮은 청소기 안으로 공기가 빨려 들어오도록 하는 것입니다.

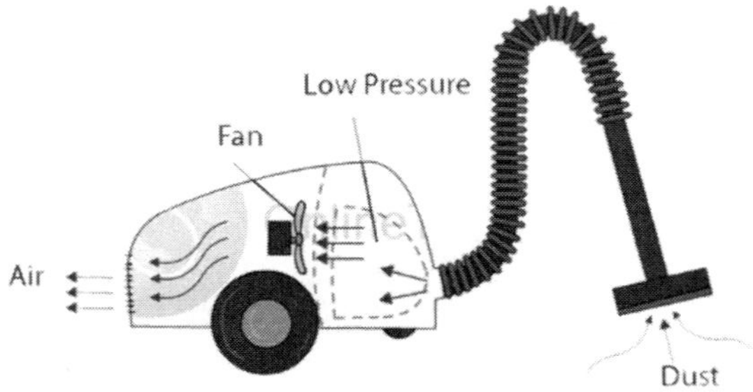

그림 29.3 진공청소기의 원리 (출처: probablyinteractive)

29.1.5 먼지봉투 없는 진공청소기

기존의 진공청소기들은 먼지봉투를 사용하였는데, 이 경우 먼지가 오래 쌓이게 되면 구멍이 막혀 공기가 쉽게 통과하지 못하므로 흡입력이 약해지기 마련이다. 이때 다이슨은 먼지를 거르는 필터를 없애고, 원심력을 이용하여 처리하는 방법을 개발한다. 원심력이란 원운동을 하는 물체가 가지는 관성과 같은데 구심력과 크기는 같지만 방향은 반대인 것을 말한다.

먼저, 먼지가 청소기 안으로 들어오면 500g(중력의 크기)의 원심력이 작용하면 먼지나 쓰레기들은 먼지통의 가장자리에 자리하게 된다. 그러면 먼지봉투는 필요하지 않게 되고 공기는 막힘없이 흐르게 된다. 즉, 필터를 바꿔줄 필요도 없고 먼지통만 비워주면 된다.

이러한 다이슨의 장점은 청소기를 오래 사용하여도, 흡입력이 줄지 않다는 것이다.

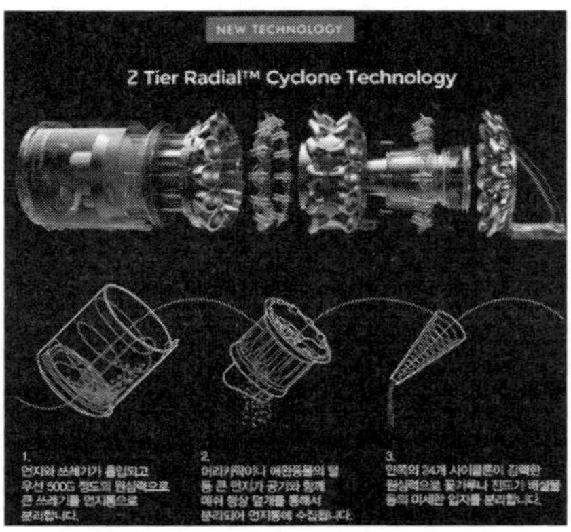

그림 29.4 다이슨 진공청소기의 원리 (출처: 다이슨 홈페이지)

29.2 실험 재료 살펴보기

1) 투명컵
2) 뚜껑
3) 양면테이프
4) 벨크로(찍찍이)
5) 건전지
6) 건전지 끼우개
7) 모터
8) 스티커
9) 프로펠러
10) 원형 EVA
11) 모터 고정 EVA
12) 스포이트

● 개인 준비물: 가위

29.2.1 모터

이번 실험에서 사용하는 모터는 DC 모터이며, 이는 고정자로 영구자석을 사용하고, 회전자(전기자)로 코일을 사용하여 구성한 것이다. 이는 전기자에 흐르는 전류의 방향을 전환함으로써 자력의 반발, 흡입력으로 회전력을 생성시키는 모터이다. 일반적으로 DC 모터는 회전제어가 쉬워 제어용 모터로 우수한 특성을 갖는다. 또한 주로 모형자동차, 무선조정용 장난감 등을 비롯하여 여러 방면에서 널리 사용되고 있다.

29.2.2 프로펠러

프로펠러는 주로 항공기나 선박 또는 각종 기계장치 등에 추력을 부여하는 장치이다.

그림 29.5 DC 모터와 프로펠러

실험 29

미니 진공청소기 만들기

실험 목표

진공청소기의 과학적 원리를 알아본다.

진공청소기의 원리를 이용하여 미니 진공청소기를 만들어 본다.

실험 방법

① 전지 끼우개에 연결된 전선 끝의 피복을 제거하고 모터의 양쪽 접지 단자에 전선 하나씩 연결한다.

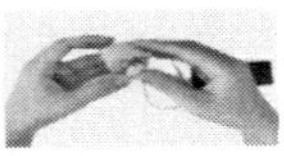

② 모터를 모터 고정 EVA에 끼워 넣어준다.

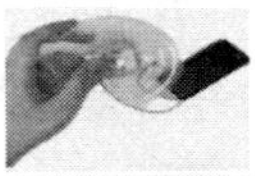

③ 모터 축을 중심으로 양쪽에 양면테이프를 잘라 붙이고, 뚜껑의 가운데 구멍에 모터축을 밖에서 안쪽으로 넣으면서 붙인다.

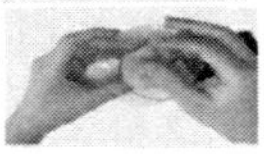

④ 프로펠러를 모터 회전축에 끼워준다. (프로펠러가 뚜껑에 닿지 않게 여유를 둔다.)

⑤ 원형 EVA 구멍 양쪽에 양면테이프를 잘라 붙인 후, 투명컵 구멍에 맞추어 붙인다.

⑥ 스포이트의 둥근 부분의 절반과 반대쪽 작은 입구에서 2cm 정도 자른 후, 컵 안쪽에서 EVA 구멍에 끼워준다.

⑦ 투명 컵과 뚜껑을 닫아 조립한 후, 건전지를 끼우고 스위치가 있는 면에 스티커를 붙인 다음에 벨크로를 이용해 컵 옆면에 건전지 끼우개를 붙인다.
(스티커는 투명컵의 몸통에 붙여도 된다.)

주의 사항

실험 재료 및 부품을 입에 넣거나 삼키지 않도록 주의해야 한다.

제품 사용 시에는 선생님 또는 보호자의 지도하에 사용해야 한다.

실험보고서

학과 　　 학번 　　 이름 　　 일자 　　 실험조

29.1 진공의 사전적 의미는 무엇인가?

29.2 지구에 완벽한 진공상태란 존재할까요? 답에 대한 이유를 설명하시오.

29.3 미니 진공청소기 만들기 실험에서 주요 실험 재료는 무엇인가?

심화학습

29.4 진공청소기의 원리는 무엇인가?

EXPERIMENT

30 과일 전지

30.1 배경지식 쌓기

30.1.1. 전지란 무엇인가?

휴대전화, 캠코더, 노트북, 컴퓨터, 디지털카메라 등 각종 첨단제품에 다양하게 이용되는 전지는 화학 에너지를 전기 에너지로 바꾸는 에너지 변환장치이다. 이의 원리는 다음과 같다. 이는 전자의 이동이 있는 화학 반응, 즉 산화와 환원 반응을 하는 물질들을 활용하기 때문이다. 전자를 잘 내놓는 성질이 있는 금속과 상대적으로 잘 받아들이는 금속을 한 쌍으로 (−)극과 (+)극을 구성한 뒤 전기가 잘 통하는 물질, 즉 전해질 속에 담가 놓으면 된다.

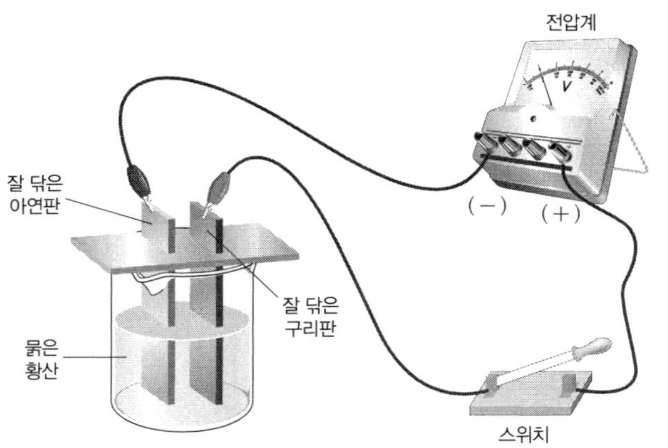

그림 30.1 볼타 전지

1800년 이탈리아의 볼타는 묽은 황산 용액에 구리판과 아연판을 넣고 도선으로 연결하면 두 금속 사이에 흐르는 사실을 이용해 최초의 전지를 발명하였다. 이것을 바로 볼타 전지이다.

$$(-)\text{극: } Zn \rightarrow Zn^{2+} + 2e^{-}\text{산화}$$

$$(+)\text{극: } 2H^{+} + 2e^{-} \rightarrow H_2 \text{ 환원}$$

30.1.2 과일 전지란 무엇인가?

반응성이 큰 아연이나 알루미늄과 같은 금속판에서 만들어진 전자들이 도선을 타고 구리나 은판 쪽으로 이동함으로써 전류가 흐르게 된다. 그리고 구리판에 쌓인 전자는 전해질 속의 수소 이온과 반응, 수소 기체를 만들어 날아간다. 과일 전지는 과일 속의 시트르산과 같은 과일즙은 전해질 역할을 하는 일종의 볼타 전지라 할 수 있다.

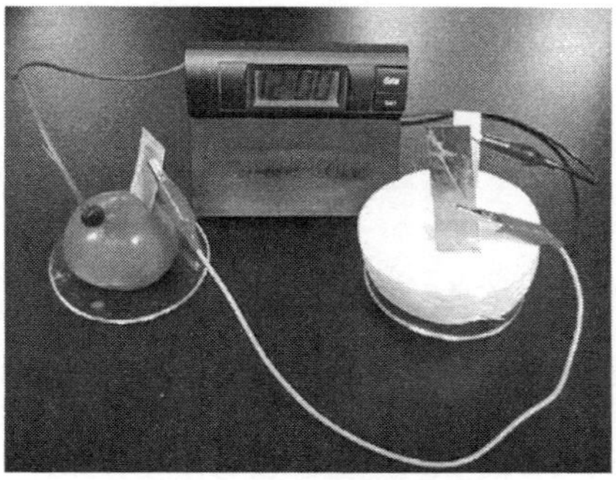

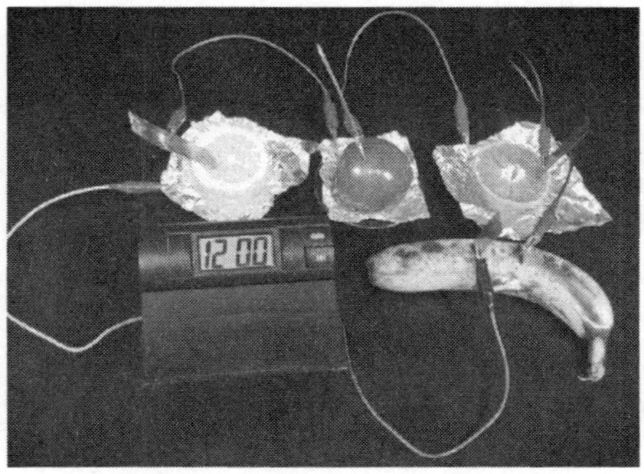

그림 30.2 과일 전지의 활용 (출처: 서울신문)

30.1.3 과일 전지의 작동 원리

과일 속에는 시큼한 맛을 내면서 산성 성질을 띠는 시트르산이 들어있다. 그리고 금속판에는 (−)전자와 (+)전자가 함께 들어있다. 과일 속에 금속판을 꽂으면 산성 성분이 금속판을 서서히 녹슬게 하면서 산화 작용을 일으킨다. 산화 작용이 일어나면 금속판은 산소와 결합하게 되고 가지고 있던 (−)전자를 금속 밖으로 내보내게 되어 밖으로 나온 (−)전자가 흐르면서 전류가 형성되어 전자제품이 작동하게 된다.

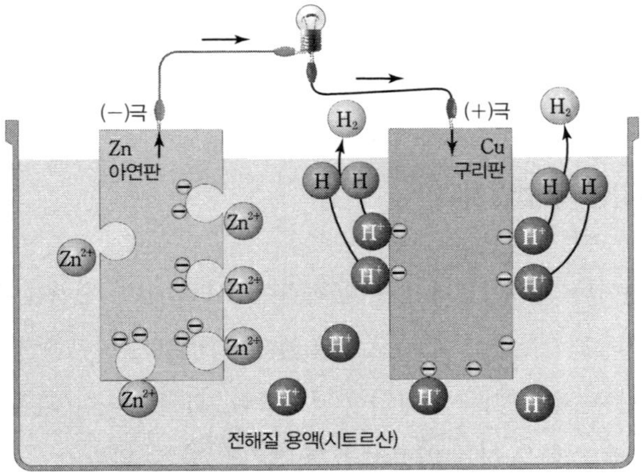

그림 30.3 레몬 전기 속 산화 반응

30.2 실험 재료 살펴보기

1) 디지털시계
2) 집게 전선 6개
3) 아연판 5개
4) 구리판 5개
5) 발광 다이오드(LED)

● 개인 준비물: 과일(오렌지, 레몬 등) 1/2조각 4~5개

30.2.1 아연판

입하는 식 아연은 화학 원소로 기호는 Zn, 원자 번호는 30이다. 아연의 일반적인 산화 상태는 +2이고, 사용량 기준으로 철, 알루미늄, 구리에 이어 네 번째로 중요한 금속으로 꼽힌다. 아연의 주요 성질은 청색을 띤 회색의 금속이며 산, 알칼리, 금속에 주로 반응한다.

30.2.2 구리판

구리는 화학 원소로 기호는 Cu이며 원자 번호는 29이다. 구리는 부드러운 금속으로 열 전도성과 전기 전도성이 매우 높다. 공기에 접촉하기 전 구리 표면은 분홍빛을 띠는 주황빛을 나타낸다. 구리는 열이나 전기를 전달하기 위한 매개체로서 주로 사용된다.

실험 30

과일 전지 만들기

실험 목표

전지의 원리에 대해 알아본다.

일상생활에서 즐겨 먹는 과일을 이용해서 과일 전지를 만들어 본다.

과일 전지 실험에 필요한 아연판과 구리판에 대해 알아본다.

실험 방법

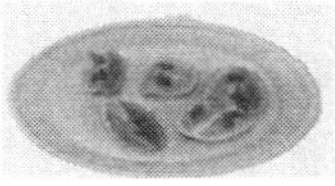

① 과일 조각에 아연판과 구리판을 각각 1개씩 꽂는다.

② 1번 과일 조각의 아연판과 2번 과일 조각의 구리판을 집게 전선으로 연결한다.

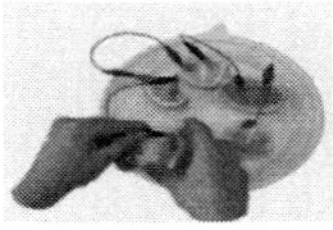

③ 위와 같은 방법으로 2, 3번 및 3, 4번 과일 조각 사이에도 집게 전선을 연결한다.

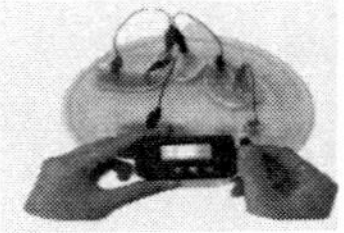

④ 디지털시계의 검정색 전선의 집게로 과일 한쪽 끝에 남아있는 아연판을 연결한다.

⑤ 디지털시계의 빨간색 전선의 집게로 과일 한쪽 끝에 남아있는 구리판을 연결한다.

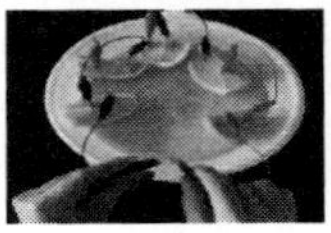

⑥ 디지털시계를 분리하고 남은 집게 전선을 이용해 LED로도 실험한다. (이때 LED의 긴 다리는 구리판 짧은 다리는 아연판에 연결한다.)

주의 사항

실험하기 전에 금속판에 날카로운 부분이 없는지 확인한다.

과일 조각에 금속판을 꽂을 때 과즙이 눈 또는 입에 들어가지 않도록 유의한다.

용도 외에는 사용하지 않는다.

실험보고서

학과 학번 이름 일자 실험조

30.1 과일 전지 실험에서 과일의 역할을 무엇인가?

30.2 이번 실험에서 과일 전지는 일종의 무슨 전지로 불리는가?

30.3 과일 전지 실험에서 주요한 실험 재료 2가지는 무엇인가?

심화학습

30.4 시트르산을 가진 과일을 3가지 이상 적으시오.

30.5 과일 전지 실험에서 각 극에서 일어난 반응의 반응식을 적으시오.

EXPERIMENT

31 피젯 스피너

31.1 배경지식 쌓기

31.1.1. 피젯 스피너란 무엇일까요?

피젯(Fidget) 이란 단어는 꼼지락거리거나 만지작 거리를 행동을 의미하며 스피너(Spinner)는 회전 장치를 말합니다. 피젯 스피너는 단어의 뜻에서 알 수 있듯이 특별한 기능은 없지만 한 손에 쥐고, 만지작 거리면서 반복적으로 돌릴 수 있는 장난감을 의미한다.

그림 31.1 피젯 스피너

31.1.2. 자석

자석은 자기장을 발생시켜 쇳조각 즉 철을 잡아당길 수 있는 물질이다. 이렇게 자석의 성질을 띤 물체들 사이에서 서로 잡아당기는 힘을 인력, 서로 밀어내는 힘을 척력이라고 한다. 자석은 N극과 S극이 존재하는데, 서로 다른 극인 N극과 N극, S극과 S극처럼 서로 다른 극에서는 서로를 밀어내는 척력이 작용한다.

전기를 띤 두 물체 사이에서도 전기력이 작용하여 인력과 척력이 발생한다. 즉 (+)전하를 띤 물체와 (−)전하를 띤 물체 사이에는 인력이 작용하여 반대로 같은 전하인 (+)전하와 (+)전하 사이, (−)전하와 (−)전하 사이에는 서로 밀어내는 척력이 작용한다.

	전기력	자기력
척력	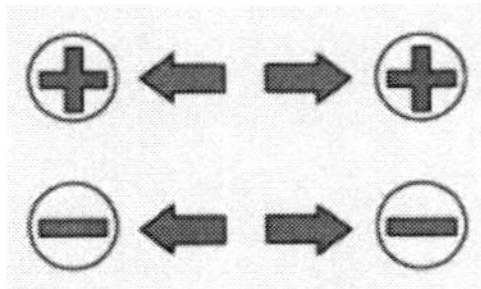	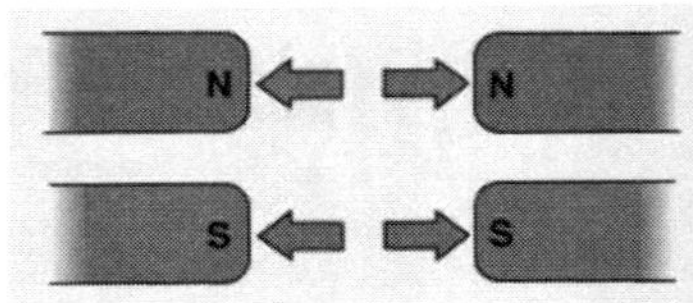
인력	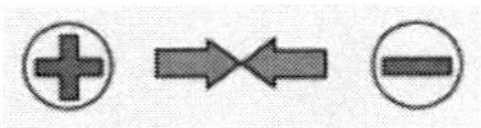	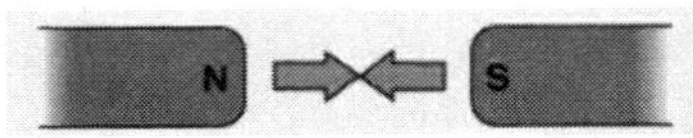

31.1.3. 자석의 종류

자석에는 다양한 모양과 기능을 가진 여러 종류의 자석들이 있다. 모양에 따라서는 막대 자석, U자 자석, 원형 자석으로 나눌 수 있으며, 자력의 세기에 따라 네오디뮴, 사마륨코발트, 페라이트 자석, 알리코 자석 등으로 구분할 수도 있다.

막대 자석　　U자 자석　　원형 자석

그림 31.2 다양한 자석 종류

31.1.4. 자석 피젯 스피너가 회전하는 원리

일반적으로 원형 모양의 자석들은 극성이 뚜렷하게 구분되어 있지 않다. 따라서 자석을 만드는 방법에 따라 절반은 N극 절반은 S극으로 만들 수도 있고, 4개의 면이 모두 다른 극이 되도록 만들 수 있다. 또한 피젯 스피너는 자석과 자석 혹은 자석과 쇠붙이 사이에 있어 인력이나 척력이 발생하고 이를 자기력선이라 한다. 자기력선은 N극에서 나와 S극으로 들어가며, 도중에 끊기지 않기 때문에 회전하는 것이다. 또한 자기력선의 간격이 좁을수록 자기장의 세기가 센 것을 의미한다.

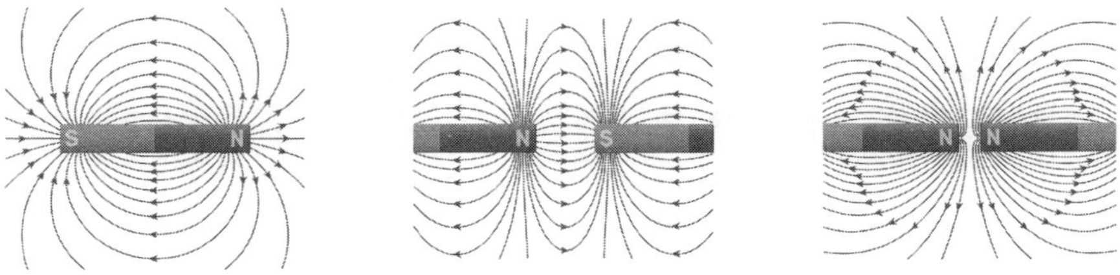

그림 31.3 자기력선

31.2 실험 재료 살펴보기

1) 나무 틀
2) 원형 자석 5개
3) 베어링
4) 나무 막대
5) 플라스틱 반구

31.2.1 원형 자석

그림 31.4 원형 자석

원형 자석은 자석 중에서 가장 많이 사용되는 형태이다. 따라서 네오디뮴, 사마륨코발트, 페라이트, 알리코 등의 거의 모든 영구자석은 이형태로 제작된다. 이때 영구자석이란 자석의 성질이 쉽게 없어지지 않는 상태의 자석을 말한다.

31.2.2 베어링

그림 31.5 베어링

베어링은 원하는 움직임에 대한 상대 운동을 제한하고 움직이는 부분 사이의 마찰을 줄여주는 기계요소의 하나로, 회전이나 왕복 운동을 하는 축을 일정한 위치에서 지지하여 자유롭게 움직이게 하는 기계장치이다. 예를 들어, 베어링의 설계는 선형 가동부의 움직임과 고정축을 중심으로 하는 회전을 자유롭게 제공한다. 또는 벡터의 수직력을 제한함으로써 움직임의 부담을 예방한다.

실험 31

피젯 스피너 만들기

실험 목표

자석의 원리와 그 특성을 알아본다.

다양한 종류의 자석에 대해 알아본다.

자석의 원리를 활용해서 자석 피젯 스피너를 만들어 본다.

자석이 실생활에 활용된 사례들을 살펴본다.

실험 방법

① 나무 피젯 스피너의 가운데 구멍에 베어링을 끼워준다.

② 플라스틱 반구를 베어링의 앞과 뒤에 부착한다.

③ 피젯 스피너의 날개 3곳에 원형 자석을 끼워 넣는다.

④ 피젯 스피너의 아랫부분에 플라스틱 반구를 끼워 넣는다.

⑤ 나무 막대의 끝부분에 두 개의 자석을 겹쳐서 고정한다.

⑥ 자석이 끼워진 나무 막대기를 피젯 스피너에 가까이 가져가면 피젯 스피너가 돌아간다.

주의 사항

실험 재료 및 부품을 입에 넣거나 삼키지 않도록 주의해야 한다.

제품 사용 시에는 선생님 또는 보호자의 지도하에 사용해야 한다.

실험보고서

학과 　 학번 　 이름 　 일자 　 실험조

31.1 자석의 특징은 무엇인가?

31.2 피젯 스피너 만들기에서 사용한 자석은 무엇이고 이의 특성은 무엇인가?

31.3 피젯 스피너 만들기 실험에서 주요 실험 재료는 무엇인가?

심화학습

31.4 인력과 척력이 생활 속에서 활용된 사례에는 무엇이 있을지 찾아서 서로 토의해 보자.

EXPERIMENT 32

자외선 위조지폐 감별기

32.1 배경지식 쌓기

32.1.1. 화폐의 등장 배경

화폐가 도입되기 전에는 사람들이 물건과 물건을 서로 물물교환으로 경제활동을 했다. 그러나 물물교환은 물건을 직접 들고 다녀야 했으므로 많은 양의 물건들을 한꺼번에 운반하기 어렵다는 단점이 있었다. 이러한 문제점을 보완하기 위해, 화폐를 만들었다. 초기에는 금속으로 화폐를 만들어 사용했지만, 점차 가볍고 가공하기 쉬운 재질인 종이를 이용하여 화폐를 만들어 사용하였다. 오늘날에는 전자상거래의 발달과 암호화폐 등의 등장으로 현금처럼 사용하게 되었다.

32.1.2. 위조지폐의 등장

화폐를 이용한 경제생활로 인해, 위조지폐를 만들어 사용하는 사람들이 늘어남에 따라 위조지폐의 무분별한 사용이 늘어났다. 이로 인해, 막대한 경제적 피해를 보는 사람들이 생기고 사회질서가 어지럽혀졌다.

이렇듯 위조지폐는 우리 사회를 한순간에 망칠 수 있는 매우 심각한 위협이므로, 세계 각국에서는 위조지폐의 제조 및 유통을 막기 위해 노력하고 있다.

32.1.3 자외선 위조지폐 감별기 원리

일반 색소는 빛을 받았을 때 받은 에너지 중 대부분을 색소 분자가 진동하거나 주위의 다른 전자와 충돌하면서 잃게 된다. 하지만 형광 색소는 빛을 받으면 흡수한 에너지 중에서 일부분만 소모하고 나머지는 더 긴 파장으로 재방출한다. 따라서 형광 색소 특유의 색깔이 나타나게 된다.

이러한 특성을 이용해 지폐에는 색깔이 없는 형광 색소가 사용된다. 색깔이 없는 형광 색소는 평상시에는 눈에 잘 보이지 않다가 자외선램프와 같은 별도의 빛을 비추면 그 모습이 나타나게 된다. 위조지폐에는 형광 색소가 들어있지 않기 때문에 자외선 위조지폐 감별기로 비추었을 때 형광 문양이 나타나지 않는다.

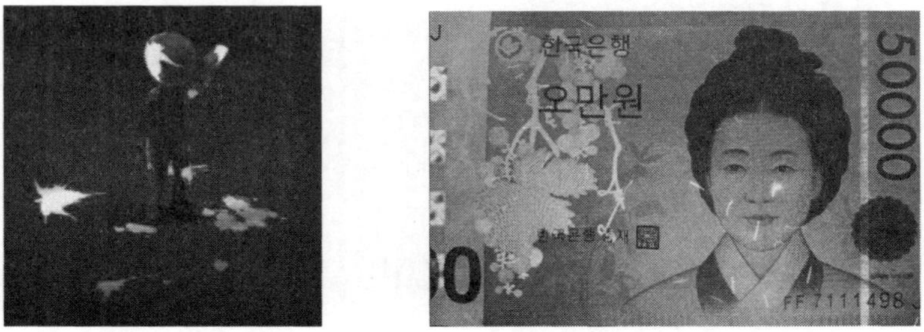

그림 32.1 형광 색소의 빛 방출

32.1.4 위조지폐 감별 시 자외선이 사용되는 이유

자외선은 화학작용이 강하므로 화학선이라 부르며 위조지폐 감별하는 데 쓰이는 도구는 블랙 라이트로 자외선 조명이다.

블랙 라이트는 자외선은 방출하는 램프인데, 자외선 외에 다른 빛을 차단하는 물질이 램프에 발라져 있어서 가시광선은 걸러지고 자외선만 방출된다. 사람은 자외선은 직접 볼 수 없지만, 사람이 볼 수 있는 가시광선으로 내놓기 때문에 어두운 곳에서 형광물질이 발광하게 된다.

그림 32.2 블루라이트 자외선 (출처: 중앙일보)

32.1.5 위조지폐 방지 기술

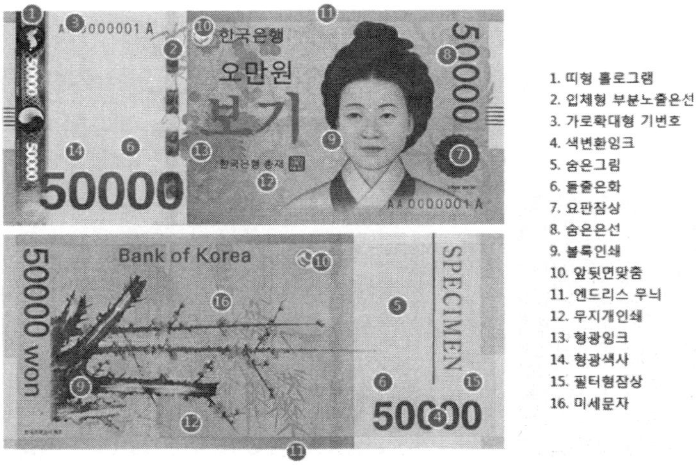

그림 32.3 위조지폐 방지법 (출처: 한국은행)

① 빛에 비추어 본다. 지폐 좌측에 위치한 숨은 그림, 앞판과 뒤판의 무늬가 합쳐져 정확한 태극무늬를 완성하는 앞뒷면 맞춤 등을 확인할 수 있다.

② 손으로 만져본다. 진짜 지폐에는 지폐는 종이의 두께를 다르게 하여 숨은 그림을 표현해 놓았다 위폐는 대부분 종이에 잉크를 단순히 찍어서 제작하므로 두께에 차이에 의한 숨은 그림이 나타나지 않는다.

③ 여러 각도로 기울여본다. 지폐에는 홀로그램, 입체형 부분 노출 은선 등이 들어가 있어 기울여보았을 때 특유의 무늬와 색 변화를 확인할 수 있다.

32.2 실험 재료 살펴보기

1) 원통 2개(긴, 짧은)
2) EVA 2개(스위치, LED)
3) 스위치
4) 커넥터
5) 자외선 LED
6) 앤드캡 2개
7) 탭 전선 2개(검정, 빨강)
8) 건전지
9) 전지 끼우개
10) 검정 색지

● 개인 준비물: 가위, 지폐

32.2.1 자외선 LED

발광 다이오드는 순방향으로 전압을 가했을 때 발광하는 반도체 소자이며 자외선 LED라고도 부른다. 자외선 LED의 발광 원리는 전계 발광 효과를 이용하고 있다. 또한 전력 소모도 현저히 적으며 수명도 백열등보다 더 길어 그 이용 빈도가 점점 늘어나고 있다.

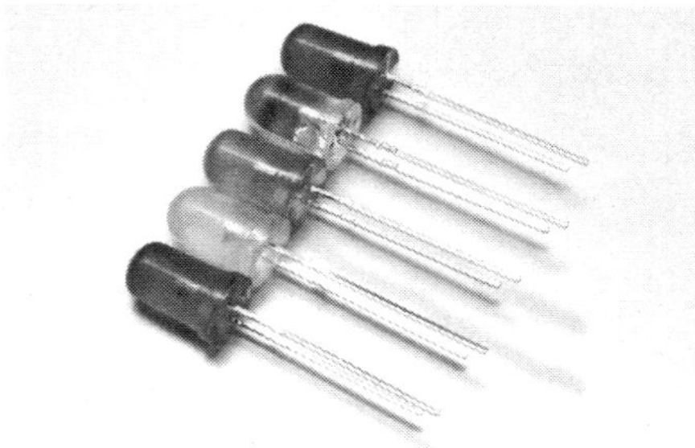

그림 32.4 자외선 LED

실험 32

자외선 위조지폐 감별기 만들기

실험 목표

자외선 위조지폐 감별기의 원리를 알아본다.

자외선 위조지폐 감별기를 만들어 본다.

화폐에 사용된 다양한 위조 방지 기술을 알아본다.

실험 방법

① 커넥터에 빨강 전선과 검정 전선을 딸깍 소리가 나게 끼운다.

② 자외선 LED를 전선이 끼워진 커넥터에 긴 다리는 빨강 전선, 짧은 다리는 검정 전선을 향하게 끼운다.

③ 자외선 LED를 끼운 커넥터를 작은 사각 구멍이 뚫린 EVA에 전선부터 넣어 끼우고 LED 다리를 양쪽으로 꺾는다.

④ 긴 원통 한쪽 끝에 ③의 EVA를 반만 끼운다.

⑤ 가위로 앤드캡 하나의 막힌 쪽 끝을 자르고 끝이 잘린 앤드캡의 반을 잘라서, 커넥터와 건전지 끼우개의 빨강 전선에 각각 자른 앤드캡을 하나씩 끼운다.

⑥ 큰 사각 구멍이 뚫린 EVA에 스위치를 끼우고 커넥터와 전지끼우개의 빨강 전선을 스위치 단자에 하나씩 넣고 잘 꼬아 연결하여 앤드캡을 연결 부분으로 밀어 끼운다.

⑦ 커넥터의 검정 전선과 전지끼우개의 검정 전선을 꼬아 연결하고 연결부분에 앤드캡을 끼운다.

⑧ 건전지를 극성에 맞게 끼우고, 원통 안으로 전선과 함께 넣어 스위치를 끼운 EVA를 원통 끝부분에 끼운다.

⑨ 짧은 원통을 LED가 있는 EVA에 끼우고, 검은 색지를 말아 넣는다.

⑩ 어두운 곳에서 스위치를 켜고 지폐를 관찰한다.

주의 사항

실험 재료 및 부품을 입에 넣거나 삼키지 않도록 주의해야 한다.

제품 사용 시에는 선생님 또는 보호자의 지도하에 사용해야 한다.

실험보고서

학과 | 학번 | 이름 | 일자 | 실험조

32.1 위조지폐가 어떻게 등장하게 되는가?

32.2 자외선 위조지폐 감별기의 원리는 무엇인가?

32.3 자외선 위조지폐 감별기 만들기 실험에서 주요 실험 재료는 무엇인가?

심화학습

32.4 지폐에 활용된 다양한 위조 방지 기술을 설명해 보자.

EXPERIMENT

33 미니 번개

33.1 배경지식 쌓기

33.1.1. 번개란 무엇일까?

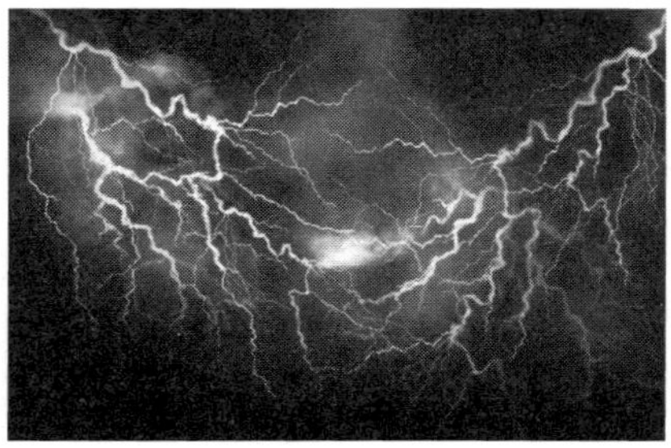

그림 33.1 번개

번개는 주로 소나기구름과 같이 위로 강하게 올라가는 대기에서 일어난다. 그리고 격렬하게 움직이는 대기 속에서 얼음 알갱이들은 서로 부딪히면서 정전기를 만들어 낸다. 번개는 일반적으로 적란운과 함께 나타나지만, 난층운이나 눈보라, 먼지폭풍과 더불어 분출하는 화산으로부터 나오는 먼지나 가스와 함께 나타나기도 한다. 뇌우가 있는 동안에 번개는 구름 안에서, 구름 사이에서, 구름과 공기 사이에서 또는 구름과 땅 사이에서 나타날 수 있다.

33.1.2. 번개와 천둥 그리고 벼락의 차이점

천둥은 번개나 벼락이 칠 때 하늘에서 울리는 소리를 뜻한다. 번개가 일어날 때 열이 나면서 대기의 공기가 압축, 팽창하므로 큰 소리가 나게 되는 것이다. 결국 번개는 대기 중의 방전현상으로 인해 전기불꽃이 번쩍이는 것이고, 벼락은 번개가 땅에 떨어지면서 사물을 때리는 현상이며, 천둥은 번개가 일어날 때 공기가 압축, 팽창하면서 나는 소리이다.

33.1.3. 번개의 원리

물방울과 얼음 알갱이들로 이루어진 구름이 올라가 마찰을 일으키게 되면 아래쪽은 음전하의 전기를 띠고 위쪽은 양전하의 전기를 띠게 된다. 그렇게 전기의 성질이 바뀐 구름이 땅 위로 이동하게 되면 아래쪽의 음전하에 의해 땅 위는 구름 아래쪽과 반대로 땅 위는 양전하의 전기를 띠게 된다. 전지의 (+)극에서 (−)극으로 전류가 흐르듯이 구름과 구름 사이, 구름과 땅 사이에 전지가 흐르는 방전이 일어나게 되는데, 번개는 좁은 의미로 이 방전에 의해 빛이 생기는 현상을 말한다.

33.1.4 번개는 어떤 상태에서 발생할까?

번개는 다량의 수분이 일정 고도 이상까지 상승했을 때만 일어난다. 여기에서 일정 고도는 대기의 온도가 −20℃인 고도로 공기는 이 고도보다 더 높이 상승해야 한다.

습윤 공기가 1km에 약 5℃ 정도로 감소하는 걸로 보면 적어도 연직으로 4km 이상은 이동한 고도가 된다. 다량의 수분이 연직으로 그만큼 상승하기 위해서는 상승하기 전의 공기가 습기를 많이 머금은 따뜻한 공기여야만 가능하다. 그래서 온난하고 습한 공기와 불안정한 대기 상태일 때 발생할 가능성이 크다.

33.2 실험 재료 살펴보기

1) 투명 필름
2) 검은색 도화지
3) 그림 라벨지
4) EVA
5) 은박테이프
6) 양쪽 끝 피복이 벗겨진 전선
7) 압전 소자
8) 점퍼선 케이블
9) 우드락
10) 고무캡

● 개인 준비물: 가위, 연필

33.2.1. 압전 소자

압전 소자는 압력을 가할 때 양쪽 끝에 극이 생겨 전압을 생성시키는 정치로 가스레인지 라이터 등에 사용된다.

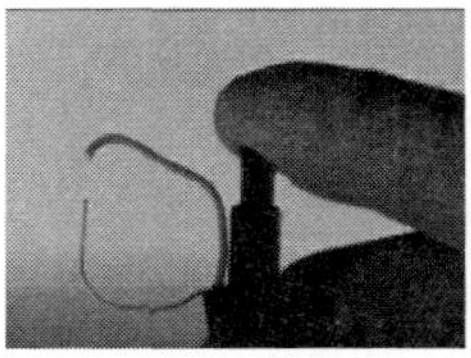

그림 33.2 압전 소자

실험 33

미니 번개 만들기

실험 목표

미니 번개의 원리를 알아본다.

미니 번개를 만들어 본다.

실험 방법

① 그림 도안을 우드락에 붙인다.

② 번개를 만들고 싶은 부분에 일정한 간격을 두어 구름과 번개 모양의 은박테이프를 붙인다.

③ 전선의 길게 끊어진 쪽의 피복을 제거하고 압전소자의 금속면에 감아서 은박테이프를 붙여 고정한다.

④ 반대쪽 전선의 피복을 제거하고 도안에 붙인 은박테이프 중 한 곳에 붙인다.

⑤ 점퍼선 케이블의 뾰족한 금속 부분을 압전소자 전선의 중앙에 끼운다.

⑥ 점퍼선 케이블 전선 끝의 피복을 제거하여 은박테이프 중 ④와 떨어진 한 곳에 붙인다.

⑦ 투명 필름에 EVA를 붙인 후 도안 위에 덮는다.

⑧ 압전소자의 버튼을 누르고 만들어진 번개를 관찰한다.

주의 사항

실험 재료 및 부품을 입에 넣거나 삼키지 않도록 주의해야 한다.

제품 사용 시에는 선생님 또는 보호자의 지도하에 사용해야 한다.

실험보고서

학과 | 학번 | 이름 | 일자 | 실험조

33.1 번개란 무엇인가?

33.2 번개와 천둥 그리고 벼락의 차이점은 무엇인가?

33.3 번개의 발생 원리는 무엇인가?

33.4 천둥이 발생하는 이유를 설명해 보자.

심화학습

33.5 번개는 주로 어떤 상황일 때 형성되는지 서로 토의해 보자.

EXPERIMENT 34 공기청정기

34.1 배경지식 쌓기

34.1.1. 미세먼지란 무엇인가?

먼지는 대기 중에 떠다니는 물질이며, 석탄이나 석유 등의 화석 연료를 태울 때나 공장이나 자동차 등의 배출가스에서 많이 발생한다. 먼지는 입자의 크기에 따라 50μm 이하인 총 먼지와 입자의 크기가 매우 작작은 미세먼지로 구분된다. 미세먼지는 머리카락 지름의 1/10 또는 1/20 크기로 매우 작다. 따라서 대기 중에 있다가 호흡기인 코나 입을 통해서 몸에 들어가면 건강에 나쁜 영향을 미칠 수 있다.

그림 34.1 크기에 따른 미세먼지

34.1.2 공기청정기의 원리

공기청정기가 공기를 정화하는 원리는 간단하다. 바로 공기청정기 안에 있는 필터는 거름종이처럼 미세먼지를 걸러서 여과시키는 것이다. 공기 중에 있는 입자들은 그 크기가 다양하다. 눈에 보이지 않을 만큼 작은 크기의 미세먼지는 필터를 그대로 통과할 수 있으므로 공기청정기의 기능은 미세먼지를 잘 여과할 수 있는 필터의 기능이 가장 중요하다. 이러한 필터는 우리가 쓰는 마스크와 동일한 기능을 한다.

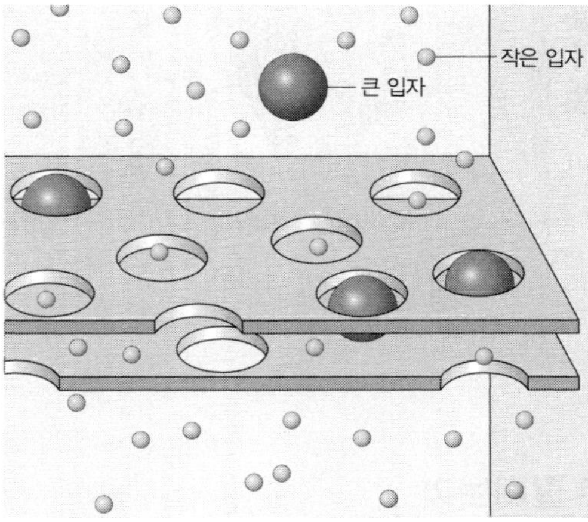

그림 34.2 공기청정기의 입자가 여과되는 원리

34.1.3 필터의 종류 및 효과

공기청정기에는 주로 프리필터, 탈취필터, 헤파필터의 3가지 필터가 사용된다.

① 프리필터: 애완동물의 털과 같이 크기가 큰 먼지를 제거해 준다.

② 탈취필터: 먼지를 제거하는 것이 아니라 생활 중에 발생하는 악취를 없애주는 기능을 한다.

③ 헤파필터: 미세먼지나 황사를 차단하는 데 있어 중요한 역할을 한다. 즉, 공기청정기의 기본적인 정화 능력은 헤파필터의 성능에서 결정된다 할 수 있다.

헤파필터는 High Efficiency Particulate Air의 약자로 공기 중에 있는 0.3μm 크기의 입자를 99.97% 이상 여과할 수 있다. 따라서 헤파필터는 공기청정기나 에어컨 그리고 청소기에도 활용된다. 더 작은 입자들은 울파필터라는 초고성능 필터를 이용하여 여과한다.

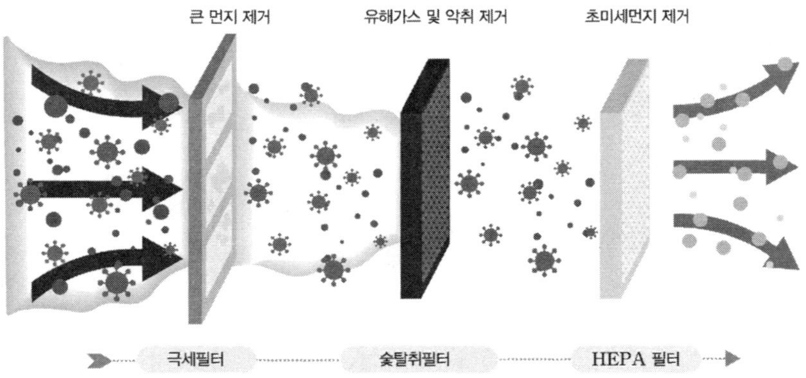

그림 34.3 필터의 종류 및 효과

34.2 실험 재료 살펴보기

1) 항균 필터
2) 카본 필터
3) 망사 필터
4) 나무 도면
5) 투명 필름
6) DC 모터
7) 프로펠러
8) 건전지
9) 전지 끼우개
10) 양면테이프

실험 34

공기청정기 만들기

실험 목표

미세먼지가 무엇인지 알아본다.

공기청정기의 과학적 원리를 알아본다.

미세먼지를 정화하는 공기청정기를 만들어 본다.

실험 방법

① 기본 8장의 판을 확인한 후, 판에서 조립에 필요한 부품을 제외하고 남은 틀을 제거한다.

② 동그란 구멍이 뚫린 중간 판에 양면테이프로 망사 · 카본 · 항균 필터를 붙인다.

③ 모터의 접지 단자에 전지끼우개의 전선을 각각 연결하여 고정판에 끼우고 모터의 축에 프로펠러를 끼운다.

④ 아랫면, 뒷면, 모터 고정판을 끼워 조립하고, 홈에 맞추어 필터를 붙인 중간판을 끼운다.

⑤ 윗면과 앞면을 연결한다.

⑥ 앞면에 투명 필름을 붙인다.

⑦ 전전지를 끼우고 윗면에 전지끼우개를 붙인다.

⑧ 스위치를 켜고 작동시킨다.

주의 사항

실험 재료 및 부품을 입에 넣거나 삼키지 않도록 주의해야 한다.

실험보고서

학과 학번 이름 일자 실험조

34.1 미세먼지란 무엇인가?

34.2 공기청정기의 여과 원리는 무엇인가?

34.3 3가지 필터의 이름과 특징을 말해보시오.

심화학습

34.4 미세먼지와 황사의 차이점은 무엇인가?

34.5 미세먼지에 대한 위험성을 조사하고 서로 토론해 보자.

EXPERIMENT 35

텐세그리티

35.1 배경지식 쌓기

35.1.1. 텐세그리티란 무엇인가?

텐세그리티는 장력을 뜻하는 영어 단어 'Tension'과 'Structure integrity(구조적 통합)'을 합친 말로, '장력을 이용해 만들어진 안정된 구조체'라는 뜻이다. 이는 강한 강도와 유연성을 모두 얻을 수 있다는 장점이 있어 건축물에 주로 사용되고 있다. 그리고 텐세그리티라는 이름에 걸맞게 텐세그리티 구조물은 장력의 절묘한 조화로 인해서 흡사 공중에 떠 있는 듯한 모습을 연출할 수 있다.

장력: 줄과 같은 1차원 연속체의 양쪽 끝의 힘을 받아 팽팽함이 유지될 때, 그 줄의 각 점에 작용하는 당기는 힘

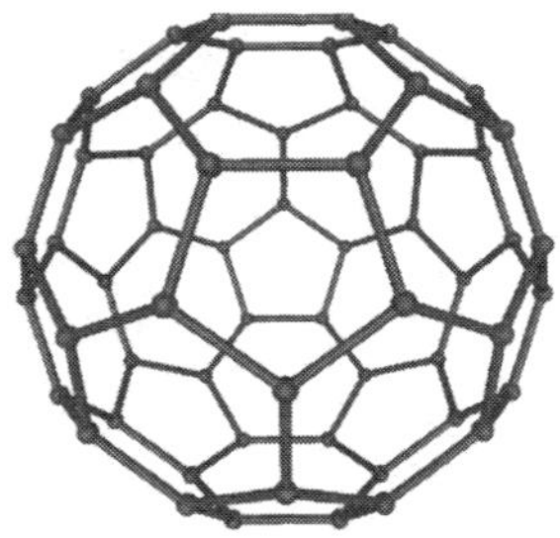

그림 35.1 몬트리올의 지오데식 돔과 풀러렌 구조

35.1.2 텐세그리티의 특징

텐세그리티 구조는 장력을 가하는 그물 구조의 인장재와 장력으로 인한 압축을 견디는 내부의 압축재들이 서로 떨어진 채로 끼워져 있는 구조로 되어 있다. 튼튼한 구조체인 뼈대와 이 구조체에 달린 케이블이 서로 누르고 당기는 힘을 발생시키며, 어느 한쪽으로 힘

이 기울지 않고 평형을 이루면서 안정된 상태를 유지한다. 텐세그리티는 내부에 빈 공간이 있는 봉의 형태인 강관과 케이블을 이용하여 만드는데, 무게가 가벼움에도 불구하고 외부 충격에 강하다는 장점이 있다.

35.1.3 텐세그리티의 활용

대표적으로 알려진 텐세그리티 구조물 중엔, 호주 브리즈번에 있는 쿠릴파 브리지가 있다. 2009년에 준공되었으며, 보행자와 자전거 통행을 위해 만들어진 다리이다. 이는 2011년 세계 건축 축제에서 올해의 교통 빌딩을 수상했다. 파이프가 떠있는 듯한 다리의 모습이 텐세그리티의 특징을 보여준다.

그림 35.2 호주 브리즈번의 쿠릴바 브리지

그 외에 우리나라의 서울 잠실 올림픽 체조경기장을 들 수 있다. 서울올림픽 체조경기장은 1988년 서울올림픽을 위해서 설립된 공간으로, 경기장의 지붕에 텐세그리티의 구조가 접목돼 있다.

그림 35.3 서울 잠실 올림픽 체조경기장

이 밖에 텐세그리티는 테이블, 텐트, 자전거 등에도 적용되는데, 특히 텐세그리티 구조를 활용한 텐트의 경우 가벼우면서도 매우 견고해 고산을 탐험하는 등산가들이 주고 사용한다.

35.1.4 텐세그리티에서 힘의 평형이 이루어질 수 있는 이유

텐세그리티는 모양에 상관없이 '인장재'와 '압축재'라는 두 가지 요소로 나뉜다. 여기서 인장재는 미는 역할을 하고 압축재는 당기는 역할을 한다. 텐세그리티는 인장재와 압축재의 서로 밀고 당기는 힘이 완벽하게 평형을 이룬 구조이다.

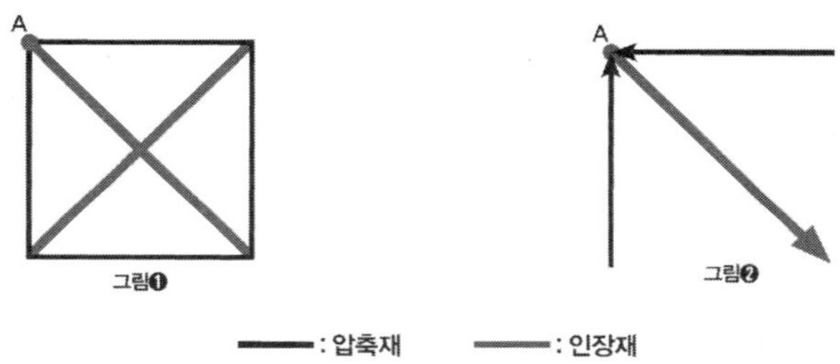

그림 35.4 벡터의 합으로 표현하는 텐세그리티

그림❶은 가장 간단한 2차원 텐세그리티를 표현한 것이고, 그림❷처럼 점 A에서 2개의 압축재와 1개의 인장재로부터 힘을 받는다. 여기서 압축재와 인장재의 힘의 방향은 서로 반대로 작용하게 된다. 그 결과 벡터의 합에 의해 점 A에서는 힘의 평형을 이루게 되는데, 텐세그리티는 모든 점에서 이와 같은 힘의 평형상태가 되어야만 그 형태가 유지된다.

벡터: 크기와 방향으로 정하여지는 양. 힘, 속도, 가속도 따위를 이것으로 나타내며 화살표로 표시한다.

35.2 실험 재료 살펴보기

1) 하드스틱 8개
2) 낚시줄
3) 빨래집게
4) 순간접착제 또는 글루건

실험 35

텐세그리티 만들기

실험 목표

텐세그리티의 개념과 특징을 알아본다.

텐세그리티의 원리 및 활용 분야를 알아본다.

텐세그리티 구조물을 만들어 본다.

실험 방법

① 하드스틱 3개를 빨래집게를 이용해서 정삼각형 모양으로 붙여준다. 순간접착제, 글루건 모두 좋다. 총 2개를 만들어 준다.

② 그중 하나는 각각 변의 정중앙에 구멍을 내준다.

③ 다른 하나는 모서리에 구멍을 내준다.

④ 그리고 모서리에 세울 기둥을 만들어 주고, 모서리에 순간접착제로 붙여준다.

⑤ 각각 같은 숫자끼리 줄로 묶는다.

⑥ 1번 줄을 먼저 묶고, 나머지는 순서에 관계없이 묶는다.

⑦ 잘 묶어주면 완성된다.

주의 사항

실험 재료 및 부품을 입에 넣거나 삼키지 않도록 주의해야 합니다.

제품 사용 시에는 선생님 또는 보호자의 지도하에 사용해야 합니다.

실험보고서

학과   학번   이름   일자   실험조

35.1 텐세그리티는 무엇인가?

35.2 텐세그리티 구조물의 특징은 무엇인가?

35.3 벡터에 대해 설명해 보자.

심화학습

35.4 텐세그리티 구조물의 원리를 벡터를 사용하여 설명해 보자.

35.5 텐세그리티의 활용 분야에 대해 설명해 보자.

EXPERIMENT 36

아이스팩

36.1 배경지식 쌓기

36.1.1. 아이스팩이란 무엇인가?

아이스팩이란 얼려서 주변 온도를 낮추는 데 사용된다. 부피를 덜 차지하면서도 주변 온도를 낮게 유지하게 시켜주기에 얼음의 역할을 대신할 수 있다.

그림 36.1 아이스팩

36.1.2. 아이스팩의 과학적 원리

물로만 이루어진 얼음보다, 더 낮은 온도로 오래 냉기를 품는 아이스팩 개발은 화학을 바탕으로 발전되었다. 이는 '어는점'과 '흡열 반응'을 기반으로 한다. '어는점'의 경우 열용량이 큰 폴리에틸렌글라이콜 등의 상변화 물질을 물과 혼합해서 얼리면 어는 점이 −10℃ 이하로 내려간다. 그러면 냉기가 응축되어 일반 얼음보다 더 오래 냉기가 유지되는 것이다. 요즘은 고흡수성 폴리머가 아이스팩을 만드는 재료로 널리 사용되고 있다.

고흡수성 폴리머는 기저귀, 여성용품 등에도 사용되는 물질로 다량의 물을 흡수하여 머금는 특징이 있다. 고흡수성 폴리머는 흡수한 물이 물질 밖으로 빠져나오지 못하도록 그물형 구조를 이루고 있으며, 물을 흡수시켜 얼리는 경우 물로만 이루어진 아이스팩보다 냉기 지속 효과가 2~3배 더 높다.

36.1.3. 아이스팩의 냉매

냉매란 온도를 낮춰주는 물질을 말한다. 아이스팩에는 다양한 목적에 따라 다양한 냉매가 사용된다.

아이스팩에 사용되는 냉매 중에서 가장 손쉽게 구할 수 있는 재료는 물이다. 물을 얼려서 만든 아이스팩은 얼음을 이용하는 방법이며 냉기 지속 시간은 비교적 짧은 편이다.

물에 전분을 섞어 만든 아이스팩도 있다. 전분을 섞으면 물이 걸쭉해지면서 열교환 속도가 느려져 순수한 물을 얼렸을 때보다 냉기 지속 시간이 더 길어진다.

마지막으로 고흡수성 폴리머에 물을 흡수시켜 젤 형태로 만드는 방법이 있다. 이는 냉기 지속 시간은 길지만, 플라스틱 물질을 이용하여 환경을 오염시킨다.

그림 36.2 다양한 아이스팩 냉매

36.1.4. 아이스팩의 처리 방법

아이스팩에는 보통 물과 석유화학 물질인 고흡수성 폴리머(SAP, Super Absorvent Polymer)를 이용하여 만든다. 고흡수성 폴리머는 미세플라스틱의 일종으로 열을 흡수하는 작용을 한다. 아이스팩에 사용되는 고흡수성 폴리머는 자연 분해가 되지 않고 여러 가지 환경 오염을 일으킬 뿐만 아니라 다양한 경로로 사람에게 부정적인 영향을 미친다. 현재까지 고흡수성 폴리머를 사용한 아이스팩은 40%를 넘어가고 있다. 자연 분해의 어려움으로 인해 아이스팩은 일반쓰레기로 버리기보다 '재사용'하는 방법을 찾는 것이 중요하다.

아이스팩의 재활용법에는 냉동고에 얼려 에너지를 절약하는 방법과 아이스팩 수거함을 이용하는 방법이 있다.

36.2 실험 재료 살펴보기

1) 지퍼백 2) 색소 3) 고흡수성 수지(폴리아크릴레이트)
4) 장갑 5) 종이컵 6) 나무막대 7) 열변색 스티커

실험 36

아이스팩 만들기

실험 목표

아이스팩의 과학적 원리를 알아본다.

아이스팩의 원리를 이용하여 아이스팩을 만들어 본다.

아이스팩 버리는 올바른 방법을 알아본다.

실험 방법

① 종이컵에 물을 담고 색소를 넣어 잘 섞는다.

② 지퍼백에 색소 물을 옮겨 담는다.

③ 고흡수성 수지를 조금씩 넣는다.

④ 지퍼백의 잠그는 부분 아래까지 물을 추가로 넣는다.

⑤ 공기를 빼면서 입구를 잘 닫아 밀봉한다.

⑥ 열변색 스티커를 붙인다.

⑦ 냉동실에 넣어 얼린 후 이용한다.

주의 사항

실험 재료 및 부품을 입에 넣거나 삼키지 않도록 주의해야 합니다.

위의 실험은 화학물질을 다루는 실험이므로 실험 재료가 몸에 튀거나 닿지 않도록 유의해야 한다.

실험보고서

학과 　　　 학번 　　　 이름 　　　 일자 　　　 실험조 　　　

36.1 아이스팩이란 무엇인가?

36.2 아이스팩의 과학적 원리는 무엇인가?

36.3 어는점에 대해서 설명해 보자.

36.4 흡열 반응에 대해서 설명해 보자.

심화학습

36.5 아이스팩이 이용되는 예에는 무엇이 있을지 조사해서 서로 토론해 보자.

36.6 아이스팩의 올바른 처리 방법에 대해 조사하여 서로 토론해 보자.

저자 소개

김운중
한남대학교 화학과 학사
한남대학교 대학원 분석화학 이학석사
한남대학교 대학원 물리 및 분석화학 이학박사
현)한남대학교 생명나노과학대학 화학과 교수
e-mail: wjkim@hnu.kr

임재경
CMB 방학과학캠프(대전, 광주) 강사
효문화 진흥원 과학프로그램 강사
대전다문화 가정 초등실험과학 돌봄교실 강사
철원 초등실험과학 돌봄교실 강사
현)한남대학교 일반화학 실험수업 강사
현)CMB 신나는 과학세상 프로그램 진행
e-mail: f116@naver.com

융합과학 기술 및 실험

저　　자　김운중 · 임재경
발 행 인　김지영
발 행 처　자유아카데미
주　　소　경기도 파주시 회동길 37-42
　　　　　파주출판도시
전　　화　031-955-1321
팩　　스　031-955-1322
홈페이지　www.freeaca.com
전자우편　main@freeaca.com (대표)
　　　　　editor@freeaca.com (편집)
　　　　　crm@freeaca.com (영업)
등　　록　제406-2003-017호, 1980. 7. 12
제1판1쇄　2023년 6월 1일 발행

저자와의
협의하에
인지생략

ISBN 979-11-5808-428-8 93430